素变数丢番图逼近

戈文旭　著

U0309103

中国水利水电出版社
www.waterpub.com.cn
·北京·

内容提要

目前，素变数丢番图逼近问题是数论领域的一个重要研究内容。本书利用近几年在圆法和筛法上的突破和创新系统地论述了作者在素变数丢番图逼近方面取得的成果。

本书系统地研究了一次、二次、三次以及高次素变数丢番图逼近问题。书中给出了二元一次型素变数丢番图逼近的新的例外集结果；在二次素变数丢番图上，把华林-哥德巴赫问题上经典的华罗庚定理推广到素变数丢番图上，给出了最新的逼近结果；在三次素变数丢番图上，给出了五个素数时的最新的例外集结果，并给出了九个素数立方的丢番图逼近的最新结果。

本书内容重点突出，论证计算翔尽，可供数论及数论应用方面的研究人员参考。

图书在版编目(CIP)数据

素变数丢番图逼近/戈文旭著. —北京：中国水利水电出版社，2020.8（2021.9重印）

ISBN 978-7-5170-8748-9

Ⅰ. ①素… Ⅱ. ①戈… Ⅲ. ①丢番图逼近 Ⅳ. ①O156.7

中国版本图书馆 CIP 数据核字(2020)第 145733 号

书　　名	素变数丢番图逼近 SUBIANSHU DIUFANTU BIJIN
作　　者	戈文旭　著
出版发行	中国水利水电出版社 (北京市海淀区玉渊潭南路 1 号 D 座 100038) 网址：www. waterpub. com. cn E-mail：sales@waterpub. com. cn 电话：(010)68367658(营销中心)
经　　售	北京科水图书销售中心(零售) 电话：(010)88383994、63202643、68545874 全国各地新华书店和相关出版物销售网点
排　　版	北京亚吉飞数码科技有限公司
印　　刷	三河市元兴印装有限公司
规　　格	170mm×240mm　16 开本　8 印张　143 千字
版　　次	2020 年 9 月第 1 版　2021 年 9 月第 2 次印刷
印　　数	2001-3500册
定　　价	56.00 元

前　　言

数论作为数学科学的重要分支，一直以其精美的理论和广泛的应用吸引着优秀数学家的强烈兴趣.近年来，随着理论创新的不断进步，著名经典问题的完全解决，以及应用范围的迅速扩展，数论学科得到了快速发展，成为数学中最具活力的分支之一.丢番图逼近作为历史悠久的数论分支，自诞生之日起就一直是数学研究的重要课题之一.素数论作为经典数论的主要研究对象，具有丰富的研究内容和研究成果.把素数论和丢番图逼近紧密结合的素变数丢番图逼近尤其为解析数论学者所关注.目前，素数变量丢番图逼近问题已经是数论领域的一个重要研究内容.在本书中系统地研究了一次、二次、三次以及高次素变数丢番图逼近问题.利用近几年在圆法和筛法上的突破和创新，给出了二元一次型素变数丢番图逼近的新的例外集结果；在二次素变数丢番图上，把华林-哥德巴赫问题上经典的华罗庚定理推广到了素变数丢番图上，给出了最新的逼近结果；在三次素变数丢番图上，给出了九个素数立方的丢番图逼近的最新结果，并给出了五个素数时的最新的例外集结果.

在数论的众多经典猜想中，哥德巴赫猜想无疑是推动数论近现代发展的最重要猜想之一.由哥德巴赫猜想引发的各种素变量丢番图方程和不等式问题，近一个世纪以来一直是解析数论领域最核心的问题之一.二元一次型素变数丢番图逼近问题就是其中的经典之一，由菲尔斯奖得主 Alan Baker 在 1967 年提出.本书利用 Matomaki 发展的筛法，结合算术组合上的一些均值估计，给出了二元一次型素变数丢番图逼近问题的最新的例外集结果.

1938 年，著名数学家华罗庚先生证明了对正的偶数 k，任意充分大的模 24 余 5 的正数可以表示成四个素数的平方和一个素数的 k 次幂之和；对于正的奇数 k，任意充分大的模 3 余 1 的正数可以表示成四个素数的平方和一个素数的 k 次幂之和.作为华罗庚定理在素变数丢番图问题上的推广，在本书中，证明了实系数的四个素变数的平方和一个素变数的 k 次幂，当任意两个系数的比值为无理数时，该素变数多项式在实数集上取值稠密，并且书中还给出了最新的逼近阶.

在三次丢番图逼近方面，本书利用最新的圆法迭代技术给出了五个素数立方情形的最新的例外集结果,进一步刻画了实系数多项式九个素变数立方的最新逼近阶.

本书作者戈文旭系华北水利水电大学数学与统计学院现任教师,在本书的编写过程中得到了数学与统计学院领导的指导和大力支持.本人所在第二公共教研室的老师也给予了很大的帮助,在此表示衷心的感谢!华北水利水电大学的王天泽教授、赵峰博士以及河南财经政法大学的李伟平教授对本书的出版也给出了很多宝贵的意见和建议,在此表示衷心的感谢!本书的出版得到了华北水利水电大学数学学科基金以及国家自然科学基金项目(11471112、11871193)的大力支持,在此表示感谢!

由于本人水平有限,本书的错误和不妥之处在所难免,敬请专家及同行提出批评和指正.

戈文旭

华北水利水电大学

2020 年 3 月

符号说明

符号 ε 表示一个充分小的正实数. 在不同的地方可能不相同.

符号 p,不管带不带下标,均表示一个素数.

符号 C 或者 c 通常表示正常数.

X 不特别说明时,一般指一个充分大的正实数.

η 表示一个充分小的正实数.

$\lambda_1,\lambda_2,\cdots$ 表示一系列给定的非零实数.

Vinogradov 符号 $A(x)\ll B(x)$ 表示存在常数 C,使得 $A(x)\leqslant CB(x)$.

$A(x)\gg B(x)$ 表示存在正常数 C,使得 $A(x)\geqslant CB(x)$. 这里约定$\ll$和$\gg$均可以依赖于常数 λ_j.

$\mathrm{e}(x)=\exp(2\pi ix)$.

$[x]$表示实数 x 的整数部分,$\{x\}$表示实数 x 的小数部分.

$\|x\|$ 表示实数 x 离最近整数的距离.

$A(x)\asymp B(x)$表示存在正常数 C_1 和 C_2,使得 $C_1B(x)\leqslant A(x)\leqslant C_2B(x)$.

$|A|$表示有限集 A 的元素个数.

$d(n)$表示除数函数.

序列 a_n 具有除数界的,即存在正常数 C,使得 $a_n\ll d(n)^C$.

目　　录

前言

第 1 章　绪论 ······ 1

1.1　素变数丢番图逼近问题的基本概念 ······ 1

1.2　三角和的估计 ······ 3

1.3　素变数丢番图逼近问题的研究进展 ······ 6

第 2 章　一次素变数丢番图逼近 ······ 10

2.1　二元一次型 ······ 10

2.2　筛法与筛函数 ······ 12

2.3　一些必要的引理 ······ 13

2.4　主区间 ······ 14

2.5　余区间 ······ 20

2.6　平凡区间 ······ 25

2.7　定理的证明 ······ 26

2.8　本章小结 ······ 27

第 3 章　二次素变数丢番图逼近 ······ 28

3.1　引言 ······ 28

3.2　两个素数的平方和一个素数的 k 次幂 ······ 29

3.3　主区间 ······ 31

3.4　余区间 ······ 34

3.5　定理 3.2 的证明 ······ 37

3.6　四个素数的平方 ······ 39

3.7　四个素数的平方和一个素数的 k 次幂 ······ 43

3.8　本章小结 ······ 46

第 4 章　三次素变数丢番图逼近 ······ 47

4.1　预备知识 ······ 47

4.2 五个素数的立方…………………………………………………… 49
4.3 五个素数的立方的改进……………………………………………… 53
4.4 九个素数的立方…………………………………………………… 59
4.5 本章小结………………………………………………………… 61

第5章 高次素变数丢番图逼近 ……………………………………… 63
5.1 Vaughan 定理 ……………………………………………………… 63
5.2 一个素数和 s 个素数的 k 次幂 …………………………………… 70
5.3 本章小结………………………………………………………… 79

第6章 混合幂素变数丢番图逼近 …………………………………… 81
6.1 一类递增次幂丢番图逼近………………………………………… 81
6.2 结果的改进……………………………………………………… 88
6.3 一个素数和三个素数的平方……………………………………… 94
6.4 一个素数和三个素数的平方结果进一步的改进………………… 98

参考文献……………………………………………………………… 114

第1章 绪　论

数论作为数学科学的重要分支，一直以其精美的理论和广泛的应用吸引着优秀数学家的强烈兴趣. 近年来，随着理论创新的不断进步，著名经典问题的完全解决，以及应用范围的迅速扩展，数论学科得到了快速发展，成为数学中最具活力的分支之一. 丢番图逼近作为历史悠久的数论分支，自诞生之日起就一直是数学研究的重要课题之一. 素数论作为经典数论的主要研究对象，具有丰富的研究内容和研究成果. 把素数论和丢番图逼近紧密结合的素变数丢番图逼近尤其为解析数论学者所关注. 目前，素变数丢番图逼近问题已经是数论领域的一个重要研究内容.

1.1 素变数丢番图逼近问题的基本概念

1918 年，圆法由 Hardy 和 Ramanujan 在解决分拆函数和平方和问题时首次提出，随后 Hardy 和 Littlewood 把它们发展成了一套系统解决加法数论问题的解析方法，所以圆法也被称为 Hardy-Littlewood 方法. 在 1946 年，Davenport 和 Heilbronn 进一步发展了圆法，利用它解决了一类丢番图逼近问题. 由此，开启了丢番图逼近不等式的研究，进而发展成数论领域一个重要内容.

整变量丢番图逼近问题描述如下：如果 $\lambda_1,\cdots,\lambda_s$ 是非零实数，至少有一个 λ_i/λ_j 是无理数，η 为任意实数，寻求合适的 $s=s(k)$，使得对任意 $\varepsilon>0$，不等式

$$|\lambda_1 x_1^k+\cdots+\lambda_s x_s^k+\eta|<\varepsilon$$

有无限多自然数解 $x_1,x_2,\cdots,x_s$.

本书主要研究素变数丢番图逼近问题，即：如果 $\lambda_1,\cdots,\lambda_s$ 是非零实数，至少有一个 λ_i/λ_j 是无理数，η 为任意实数，寻求合适的 $s=s(k)$，使得对任意 $\varepsilon>0$，不等式

$$|\lambda_1 p_1^k+\cdots+\lambda_s p_s^k+\eta|<\varepsilon$$

有无限多素数解 $p_1,p_2,\cdots,p_s$. 特别的，可以把 ε 改为 p_j 的某个负方幂，从而给出逼近程度的刻画. 即：寻求合适的 $s=s(k)$ 和 $\sigma=\sigma(k)$，使得对任意

$\varepsilon > 0$，不等式

$$|\lambda_1 p_1^k + \cdots + \lambda_s p_s^k + \eta| < \left(\max_{1\leqslant j\leqslant s} p_j\right)^{-\sigma+\varepsilon}$$

有无限多素数解 $p_1, p_2, \cdots, p_s$.

这里用 Davenport 和 Heilbronn 发展的圆法来研究丢番图逼近不等式问题. 对任意实数 x 和任意正实数 τ，有下面的引理.

引理 1.1 有

$$\int_{-\infty}^{+\infty} e(\alpha x)\left(\frac{\sin \pi\tau\alpha}{\pi\alpha}\right)^2 d\alpha = \begin{cases} \tau - |x|, & |x| \leqslant \tau, \\ 0, & |x| > \tau. \end{cases}$$

证明：由著名的积分公式

$$\int_{-\infty}^{+\infty} \left(\frac{\sin \pi\alpha}{\pi\alpha}\right)^2 d\alpha = 1,$$

可得：对任意正实数 τ，有

$$\int_{-\infty}^{+\infty} \left(\frac{\sin \pi\tau\alpha}{\pi\alpha}\right)^2 d\alpha = |\tau|,$$

则有

$$\begin{aligned} &\int_{-\infty}^{+\infty} e(\alpha x)\left(\frac{\sin \pi\tau\alpha}{\pi\alpha}\right)^2 d\alpha \\ =& \int_{-\infty}^{+\infty} \cos(2\pi\alpha x)\left(\frac{\sin \pi\tau\alpha}{\pi\alpha}\right)^2 d\alpha \\ =& \frac{1}{2}\int_{-\infty}^{+\infty} \frac{\sin^2 \pi\alpha(x+\tau) + \sin^2 \pi\alpha(x-\tau) - 2\sin^2 \pi\alpha x}{(\pi\alpha)^2} d\alpha \\ =& \frac{1}{2}[|x+\tau| + |x-\tau| - 2|x|] \\ =& \begin{cases} \tau - |x|, & |x| \leqslant \tau, \\ 0, & |x| > \tau. \end{cases} \end{aligned}$$

从而引理得证.

为了书写的方便，以后在本书中记

$$K(\alpha) = \left(\frac{\sin \pi\tau\alpha}{\pi\alpha}\right)^2, A(x) = \int_{-\infty}^{+\infty} K(\alpha) e(\alpha x) d\alpha.$$

由引理 1.1 得，

$$K(\alpha) \ll \min(\tau^2, |\alpha|^{-2}), A(x) = \max(0, \tau - |x|).$$

下面罗列几个常用的经典有理逼近定理.

引理 1.2(Dirichlet 逼近定理) 对任意实数 α 和 $Q \geqslant 1$，一定存在两个整数 $a, q, (a, q) = 1, 1 \leqslant q \leqslant Q$，使得

$$|q\alpha - a| < \frac{1}{Q}.$$

引理 1.3(Legendre 最佳有理逼近准则) 设 α 是无理数,$a_0/q_0, a_1/q_1, \cdots$ 是 α 的有理逼近列,有

(1) $|q_0\alpha - a_0| > |q_1\alpha - a_1| > |q_2\alpha - a_2| > \cdots$;

(2) 若 $n \geqslant 1$ 和 $1 \leqslant q \leqslant q_n$,并且$(a,q) \neq (a_n, q_n)$,$(a,q) \neq (a_{n-1}, q_{n-1})$,必有 $|q\alpha - a| > |q_{n-1}\alpha - a_{n-1}|$.

引理 1.4 设 λ_1/λ_2 是无理数,a/q 是 λ_1/λ_2 的连分数有理逼近. 对任意满足 $\| m\lambda_1/\lambda_2 \| < 1/(2q)$ 的正整数 m,有 $m \geqslant q$.

证明:用反证法来证明. 假设 $m < q$, 由 Legendre 最佳有理逼近准则知,

$$\left\| q\frac{\lambda_1}{\lambda_2} \right\| < \left\| m\frac{\lambda_1}{\lambda_2} \right\| < \frac{1}{2q}.$$

又因为 a/q 是 λ_1/λ_2 的连分数有理逼近,所以有 $(a,q)=1$,且 $\lambda_1/\lambda_2 = a/q + \theta/q^2$,其中 $|\theta| < 1$. 从而有

$$\left\| q\frac{\lambda_1}{\lambda_2} \right\| = \frac{|\theta|}{q} < \frac{1}{2q},$$

和

$$\frac{1}{2q} > \left\| m\frac{\lambda_1}{\lambda_2} \right\| = \left\| \frac{ma}{q} + \frac{m\theta}{q^2} \right\| \geqslant \frac{1}{q} - \frac{m|\theta|}{q^2}.$$

因此,有 $|\theta| < 1/2 < m|\theta|/q$. 这显然与假设 $m < q$ 矛盾,从而引理得证.

引理 1.5(Roth 定理) 设 α 是实数和代数数,且代数次数$\geqslant 2$,对任意 $\varepsilon > 0$,不等式

$$\left| \alpha - \frac{a}{q} \right| < \frac{1}{q^{2+\varepsilon}}$$

只有有限多个有理数解 a/q.

1.2 三角和的估计

本节总结一下三角和的上界估计以及积分均值估计方面的重要结果. 首先来总结素变数三角和的上界估计.

引理 1.6(Vaughan) 设 α 是实数,存在整数 a 和 $q \geqslant 1$ 满足

$$(a,q) = 1, \ |q\alpha - a| < q^{-1}.$$

对于任意实数 $\varepsilon > 0$,有

$$\sum_{1 \leqslant p \leqslant N} (\log p) \mathrm{e}(p\alpha) \ll (\log N)^5 (N^{1/2}q^{1/2} + N^{4/5} + Nq^{-1/2}).$$

引理 1.7[38] 设 α 是实数,存在整数 a 和 $q \geqslant 1$ 满足

$$(a,q)=1,\ |q\alpha-a|<q^{-1}.$$

对于任意实数 $\varepsilon>0$，正整数 $k\geqslant 2$，有

$$\sum_{1\leqslant p\leqslant N}(\log p)\mathrm{e}(p^k\alpha)\ll N^{1+\varepsilon}\left(\frac{1}{q}+\frac{1}{N^{1/2}}+\frac{q}{N^k}\right)^{4^{1-k}}.$$

引理 1.8[92]　设 α 是实数，存在整数 a 和 $q\geqslant 1$ 满足

$$(a,q)=1,1\leqslant q\leqslant P^{2/3},\ |q\alpha-a|<P^{-3/2}.$$

对于任意实数 $\varepsilon>0$，有

$$\sum_{P<p\leqslant 2P}(\log p)\mathrm{e}(p^3\alpha)\ll P^{11/12+\varepsilon}+\frac{P^{1+\varepsilon}}{q^{1/2}(1+P^3|\alpha-a/q|)^{1/2}}.$$

引理 1.9(Kumchev)　设 $k\geqslant 3,N\geqslant 2,\alpha$ 是实数且满足

$$|q\alpha-a|\leqslant Q^{-1},(q,a)=1,q\in\mathbb{N},a\in\mathbb{Z},$$

这里 $Q=N^{(k^2-2k\sigma(k))/(2k-1)}$，$\sigma(3)=1/14$；$\sigma(k)=(3\cdot 2^{k-1})^{-1}$，$k\geqslant 4$. 那么，有

$$\sum_{p\leqslant N}(\log p)\mathrm{e}(\alpha p^k)\ll N^{1-\sigma(k)+\varepsilon}+\frac{N^{1+\varepsilon}}{(q+N^k|q\alpha-a|)^{1/2}}.$$

引理 1.10(Weyl)　设 α 是实数，存在整数 a 和 $q\geqslant 1$ 满足

$$(a,q)=1,\ |q\alpha-a|<q^{-1}.$$

再设

$$\phi(x)=\alpha x^k+\alpha_1x^{k-1}+\cdots+\alpha_k$$

和

$$T(\phi)=\sum_{n=1}^{Q}\mathrm{e}(\phi(n)),$$

则有

$$T(\phi)\ll Q^{1+\varepsilon}(q^{-1}+Q^{-1}+qQ^{-k})^{1/K},$$

这里 $K=2^{k-1}$.

引理 1.11[79]　设

$$f(\alpha)=\sum_{1\leqslant n\leqslant N}\mathrm{e}(\alpha n^k),$$

$$S(q,a)=\sum_{m=1}^{q}\mathrm{e}(am^k/q),$$

$$v(\beta)=\sum_{n\leqslant N^k}\frac{1}{k}n^{1/k-1}\mathrm{e}(\beta n),$$

$$V(\alpha,q,a)=q^{-1}S(q,a)v(\alpha-a/q).$$

再设 $\alpha=a/q+\beta,(a,q)=1$，则有

$$f(\alpha)-V(\alpha,q,a)\ll q^{1/2+\varepsilon}(1+N^k|\beta|)^{1/2}.$$

进一步，如果 $|\beta|\leqslant(2kq)^{-1}N^{1-k}$，则有

$$f(\alpha)-V(\alpha,q,a)\ll q^{1/2+\varepsilon}.$$

引理 1.12(华罗庚引理) 设 $k \geqslant 1$,

$$T_k(\alpha) = \sum_{1 \leqslant n \leqslant N} \mathrm{e}(n^k \alpha).$$

对任意整数 $1 \leqslant l \leqslant k$,任意实数 $\varepsilon > 0$,有

$$\int_0^1 | T_k(\alpha) |^{2^l} \mathrm{d}\alpha \ll N^{2^l - l + \varepsilon}.$$

引理 1.13[5] 同上面引理的条件,有

$$\int_0^1 | T_k(\alpha) |^{l(l+1)} \mathrm{d}\alpha \ll N^{l^2 + \varepsilon}.$$

引理 1.14(Gallagher 引理) 设 $\mathfrak{R}$ 为一个可数的实数集合,$c(\alpha)$ 为实变量 α 的复值函数,且满足条件

$$\sum_{\alpha \in \mathfrak{R}} | c(\alpha) | < +\infty,$$

再设

$$S(t) = \sum_{\alpha \in \mathfrak{R}} c(\alpha) \mathrm{e}(\alpha t),$$

则有

$$\int_{-T}^{T} | S(t) |^2 \mathrm{d}t \leqslant \pi^2 T^2 \int_{-\infty}^{+\infty} | C_T(x) |^2 \mathrm{d}x, T > 0,$$

其中

$$C_T(x) = \sum_{\substack{\alpha \in \mathfrak{R} \\ |\alpha - x| < \frac{1}{4T}}} c(\alpha).$$

证明:令

$$F_T(x) = \begin{cases} 0, | x | \geqslant \dfrac{1}{4T}, \\ 2T, | x | < \dfrac{1}{4T}, \end{cases}$$

则有

$$C_T(x) = \frac{1}{2T} \sum_{\alpha \in \mathfrak{R}} c(\alpha) F_T(x - \alpha).$$

$C_T(x)$ 的傅里叶变换为

$$\begin{aligned} \hat{C}_T(t) &= \int_{-\infty}^{+\infty} C_T(x) \mathrm{e}(xt) \mathrm{d}x \\ &= \frac{1}{2T} \sum_{\alpha \in \mathfrak{R}} c(\alpha) \int_{-\infty}^{+\infty} F_T(x - \alpha) \mathrm{e}(xt) \mathrm{d}x \\ &= \frac{1}{2T} \sum_{\alpha \in \mathfrak{R}} c(\alpha) \mathrm{e}(\alpha t) \int_{-\infty}^{+\infty} F_T(x) \mathrm{e}(x t) \mathrm{d}x \\ &= \frac{1}{2T} S(t) \hat{F}_T(t), \end{aligned}$$

其中 $\hat{F}_T(t)$ 为 $F_T(x)$ 的傅里叶变换，由 $F_T(x)$ 的定义知，

$$\hat{F}_T(t)=\frac{\sin\frac{\pi t}{2T}}{\frac{\pi t}{2T}},$$

所以，当 $|t|\leqslant T$ 时，

$$|\hat{F}_T(t)|\geqslant\frac{2}{\pi}.$$

由傅里叶变换理论的 Plancherel 定理得

$$\begin{aligned}\int_{-\infty}^{+\infty}|C_T(x)|^2\mathrm{d}x&=\int_{-\infty}^{+\infty}|\hat{C}_T(t)|^2\mathrm{d}t\\&=\frac{1}{4T^2}\int_{-\infty}^{+\infty}|S(t)\hat{F}_T(t)|^2\mathrm{d}t\\&\geqslant\frac{1}{4T^2}\int_{-T}^{T}|S(t)\hat{F}_T(t)|^2\mathrm{d}t\\&=\frac{1}{\pi^2T^2}\int_{-\infty}^{+\infty}|S(t)|^2\mathrm{d}t.\end{aligned}$$

从而引理得证.

1.3 素变数丢番图逼近问题的研究进展

在数论的众多经典猜想中，哥德巴赫猜想无疑是推动数论近现代发展的最重要猜想之一. 由哥德巴赫猜想引发的各种素变数丢番图方程和不等式问题，近一个世纪以来一直是解析数论领域最核心的问题之一.

1946 年，Davenport 和 Heilbronn 利用 Hardy-Littlewood 圆法研究了丢番图不等式问题，证明了如果 $\lambda_1,\cdots,\lambda_s$ 是非零实数，至少有一个 λ_i/λ_j 是无理数，当 $s\geqslant 2^k+1$ 时，不等式

$$|\lambda_1x_1^k+\cdots+\lambda_sx_s^k|<\varepsilon$$

有无限多自然数解 $x_1,x_2,\cdots,x_s$. 1955 年，Davenport 和 Roth 证明了当 $k\geqslant 12$ 时，$s\geqslant Ck\ln k$（C 为绝对常数），结论仍然成立. 由此，开启了丢番图逼近不等式的研究，进而发展成数论领域一个重要内容.

在素变数丢番图逼近不等式方面，1963 年，Schwarz 首先研究了素变数丢番图不等式，证明了如果 $\lambda_1,\cdots,\lambda_s$ 是非零实数，至少有一个 λ_i/λ_j 是无理数，当 $s\geqslant 2^k+1$ 或 $s\geqslant 2k^2(2\log k+\log\log k+5/2)$（$k\geqslant 12$）时，不等式

$$|\lambda_1p_1^k+\cdots+\lambda_sp_s^k|<\varepsilon$$

有无限多素数解 $p_1, p_2, \cdots, p_s$. 由此,素变数丢番图不等式迅速成为数论领域的研究热点,一系列的结果纷至沓来.

1967 年,Baker Alan 利用 Davenport 和 Heilbronn 方法,结合 Vinogradov 在圆法上的改进,研究了一次素变数不等式. 证明了若 $\lambda_1, \lambda_2, \lambda_3$ 是非零实数,正负不一致,至少有一个比值 λ_i/λ_j 是无理数,则对于任意正整数 n,不等式

$$|\lambda_1 p_1 + \lambda_2 p_2 + \lambda_3 p_3| < (\log \max p_j)^{-n}$$

有无穷多个素数解 p_1, p_2, p_3. 之后,众多的改进结果纷至沓来. Ramachandra、Vaughan、Baker 和 Harman 等人把上式右端分别改进为 $\exp(-(\log p_1 p_2 p_3)^{-1/2})$、$(\max p_j)^{-1/10}(\log \max p_j)^{20}$、$(\max p_j)^{-1/6+\varepsilon}$,$(\max p_j)^{-1/5+\varepsilon}$. 迄今为止,最好的结果是 2010 年由 Matomaki 改进为 $(\max p_j)^{-2/9+\varepsilon}$.

1982 年,Baker 和 Harman 还研究了二次素变数丢番图不等式,证明了在某些条件下,不等式

$$|\lambda_1 p_1^2 + \lambda_2 p_2^2 + \lambda_3 p_3^2 + \lambda_4 p_4^2 + \lambda_5 p_5^2 + \eta| < (\max p_j)^{-1/8+\varepsilon}$$

有无限多素数解 $p_1, \cdots, p_5$. 2004 年,Harman 利用他建立的筛法函数,把 1/8 改进为 1/7.

2006 年,Cook 和 Harman 研究了三次丢番图不等式,证明了在某些条件下,不等式

$$|\lambda_1 p_1^3 + \lambda_2 p_2^3 + \cdots + \lambda_9 p_9^3 + \eta| < (\max p_j)^{-1/14+\varepsilon}$$

有无限多素数解 $p_1, \cdots, p_9$. 本书中介绍作者与赵峰合作将 1/14 改进为 1/12 的结果.

对于高次素变数丢番图不等式,1974 年,Vaughan 证明了在某些条件下,当 $s \geqslant Ck\log k\ (k \geqslant 4)$ 时,不等式

$$|\lambda_1 p_1^k + \lambda_2 p_2^k + \cdots + \lambda_s p_s^k + \eta| < (\max p_j)^{-\sigma+\varepsilon}$$

有无限多素数解 $p_1, \cdots, p_s$,这里 $\sigma = (5 \cdot 2^{2k+2}(k+1))^{-1}$. 2006 年,借助 Kumchev 在素变数指数和上的改进,Cook 和 Harman 把 σ 改进为 $(3 \cdot 2^{k-1})^{-1}$.

众多数学家还研究了素变数丢番图不等式的例外集问题. 设 V 是一个有良好间隔的序列,即:若 $v_1, v_2 \in V$ 且 $v_1 \neq v_2$,则存在常数 c,使得 $|v_1 - v_2| > c$. Brudern、Cook 和 Perelli 首先研究了一次丢番图不等式

$$|\lambda_1 p_1 + \lambda_2 p_2 - v| < v^{-\delta}$$

的例外集问题. 设 $E_1(X, V, \delta)$ 表示使上面不等式无解的 $v \in V$ 且 $v \leqslant X$ 的个数. Brudern、Cook 和 Perelli 证明了

$$E_1(X, V, \delta) \ll X^{2/3+2\delta+\varepsilon}.$$

2011 年，蔡迎春教授改进为

$$E_1(X,V,\delta) \ll X^{4/5+\delta+\varepsilon}.$$

2015 年，王玉超博士利用 K. Matomaki 处理余区间的方法，进一步改进为

$$E_1(X,V,\delta) \ll X^{f(\delta)+\varepsilon},$$

这里 $f(\delta) = \max(3/5+2\delta, 2/3+(3/4)\delta)$. 本书中将介绍作者与张敏、李金蒋的合作，即改进为

$$E_1(X,V,\delta) \ll X^{g(\delta)+\varepsilon},$$

这里 $g(\delta) = \max(5/9+2\delta, 2/3+(3/4)\delta)$.

对于二次丢番图逼近的情况，Cook 和 Fox 研究了不等式

$$|\lambda_1 p_1^2 + \lambda_2 p_2^2 + \lambda_3 p_3^2 - v| < v^{-\delta}$$

的例外集，证明了例外集 $E_2(X,V,\delta) \ll X^{11/12+2\delta+\varepsilon}$. 2004 年，Harman 把 11/12 改进为 7/8. 受 Harman 的启发，孙海伟教授研究了不等式

$$|\lambda_1 p_1^2 + \lambda_2 p_2^2 + \lambda_3 p_3^2 + \lambda_4 p_4^2 - v| < v^{-\delta}$$

的例外集问题，证明了 $E'_2(X,V,\delta) \ll X^{3/4+4\delta+\varepsilon}$. 本书将介绍借助 Kumchev 在利用圆法处理华林-哥德巴赫问题时的一些思想方法，把 $3/4+4\delta$ 改进为 $3/8+2\delta$.

Cook 和 Harman 还研究了高次($k \geqslant 3$)丢番图逼近不等式

$$|\lambda_1 p_1^k + \lambda_2 p_2^k + \cdots + \lambda_s p_s^k - v| < v^{-\delta}$$

的例外集问题，证明了例外集 $E_k(X,V,\delta) \ll X^{1-\rho(k)+2\delta+\varepsilon}$，其中 $\rho(3) = 1/21$，$\rho(k) = (3k \cdot 2^{k-2})^{-1}(k \geqslant 4)$. 对于 $k = 3$ 的情况，本书将介绍作者与赵峰合作把 1/21 改进为 1/18，并且还证明了若系数 λ_j 的比值有足够多的无理数，1/18 还可以进一步改进为 1/12.

国内外数论学者还研究了各种各样的混合次幂素变数丢番图不等式问题. 例如，2011 年，李伟平和王天泽证明了不等式

$$|\lambda_1 p_1 + \lambda_2 p_2^2 + \lambda_3 p_3^2 + \lambda_4 p_4^2 + \eta| < (\max p_j)^{-1/28+\varepsilon}$$

有无限多个素数解 p_1, p_2, p_3, p_4. 随后 Languasco 和 Zaccagnini，刘志新和孙海伟，王玉超和姚维利把 1/28 先后改进为 1/18，1/16，1/14.

2016 年，牟全武研究了不等式

$$|\lambda_1 p_1^2 + \lambda_2 p_2^2 + \lambda_3 p_3^2 + \lambda_4 p_4^2 + \lambda_5 p_5^k + \eta| < (\max p_j)^{-\theta(k)+\varepsilon}$$

问题，改进了原来李伟平和王天泽的结果. 本书将介绍借助新的均值估计，可以得到更好的逼近结果.

在丢番图不等式组的研究方面，Parsell 考虑了整变量不等式组

$$|\lambda_1 x_1^2 + \lambda_1 x_2^2 + \cdots + \lambda_s x_s^2| < \varepsilon,$$
$$|\lambda_1 x_1^3 + \lambda_1 x_2^3 + \cdots + \lambda_s x_s^3| < \varepsilon$$

的可解性问题. 随后 Parsell 还研究了更为一般的整变量丢番图不等式. Freeman 研究了多项式的情形.

由于篇幅有限,本书只介绍一次、二次、三次以及高次素变数丢番图逼近不等式的最新研究进展. 对于其余的情形,读者如果想学习,可以参考相关文献.

第 2 章 一次素变数丢番图逼近

本章主要介绍一次素变数丢番图逼近最新的研究方法和进展.利用 Matomaki 建立的向量筛法,得到了二元一次型素变数丢番图逼近问题最新的例外集结果.主要结论基于作者与张敏、李金蒋在 2018 年发表的论文[28].由于篇幅的限制,关于 Matomaki 建立的向量筛法的细节这里不再详细介绍,想要学习的读者可以参考文献[63].

2.1 二元一次型

设 λ_1 和 λ_2 是两个正实数,且 λ_1/λ_2 是无理数和代数数,考虑二元一次型

$$\lambda_1 p_1 + \lambda_2 p_2$$

的值的分布问题.这个问题可以看作是经典偶数哥德巴赫问题在实数域上的推广.

设 V 是一个具有良好间隔的正实数序列,即:若 $v_1, v_2 \in V$ 且 $v_1 \neq v_2$,则存在常数 c,使得 $|v_1 - v_2| > c$. X 表示一个充分大的正实数,δ 表示一个正实数.令 $\tau = X^{-\delta}$.

为了使结果有意义,序列 V 不能太稀疏.假设集合

$$V(X) = |\{v \in V | 0 < v < X\}| \gg X^{1-\varepsilon}.$$

令 $E(V, X, \delta)$ 表示集合 $V(X)$ 中使得不等式

$$|\lambda_1 p_1 + \lambda_2 p_2 - v| < v^{-\delta}$$

没有素数解的元素 v 的个数.

定理 2.1 设 λ_1 和 λ_2 是两个正实数,且 λ_1/λ_2 是无理数和代数数,V 是一个具有良好间隔的正实数序列.对于任意实数 $X \geqslant 1$,任意 $\varepsilon > 0$,有

$$E(V, X, \delta) \ll X^{f(\delta)+\varepsilon},$$

其中 $f(\delta) = \max(5/9 + 2\delta, 2/3 + 4\delta/3)$.

这里借助 Matomaki 建立的向量筛法,结合扩大主区间的思想以及一些线性三角和的均值估计,给出定理的证明.

设 $\rho(n)$ 是素数特征函数,即

$$\rho(n)=\begin{cases}1, n\text{ 是素数}, \\ 0, \text{其他}.\end{cases}$$

设 $\rho^{-}(n)$ 和 $\rho^{+}(n)$ 是素数特征函数 $\rho(n)$ 的下界和上界,即

$$\rho^{-}(n)\leqslant\rho(n)\leqslant\rho^{+}(n).$$

显然,对任意自然数 m 和 n, 有下面的不等式

$$\rho(m)\rho(n)\geqslant\rho^{+}(m)\rho^{-}(n)+\rho^{-}(m)\rho^{+}(n)-\rho^{+}(m)\rho^{+}(n).$$

对于 $j=1,2$, 记

$$S_j^{\pm}(\alpha)=\sum_{\eta X<n\leqslant X}\rho^{\pm}(n)\mathrm{e}(n\lambda_j\alpha);I(\alpha)=\int_{\eta X}^{X}\frac{\mathrm{e}(\alpha x)}{\log x}\mathrm{d}x;$$

$$U(\alpha)=\sum_{\eta X<n\leqslant X}\mathrm{e}(n\alpha),$$

这个 η 表示一个充分小的、固定的正实数. 为了书写方便,记

$$F(\alpha):=S_1^{+}(\alpha)S_2^{-}(\alpha)+S_1^{-}(\alpha)S_2^{+}(\alpha)-S_1^{+}(\alpha)S_2^{+}(\alpha).$$

对任意实数域上的可测集 $\mathfrak{A}$, 定义

$$J_v(\mathfrak{A})=\int_{\mathfrak{A}}F(\alpha)K(\alpha)\mathrm{e}(-v\alpha)\mathrm{d}\alpha,$$

则有

$$\begin{aligned}&J_v(\mathbb{R})\\&=\sum_{n_1,n_2\leqslant X}[\rho^{+}(n_1)\rho^{-}(n_2)+\rho^{-}(n_1)\rho^{+}(n_2)-\rho^{+}(n_1)\rho^{+}(n_2)]A(\lambda_1n_1+\lambda_2n_2-v)\\&\leqslant\sum_{p_1,p_2\leqslant X}A(\lambda_1p_1+\lambda_2p_2-v).\end{aligned}$$

由引理 1.1 以及函数 $A(x)$ 的定义知,

$$J_v(\mathbb{R})\leqslant\tau\psi(v), \tag{2.1.1}$$

这里 $\psi(v)$ 表示不等式

$$|\lambda_1p_1+\lambda_2p_2-v|<\tau \tag{2.1.2}$$

的素数解 $p_1,p_2\leqslant X$ 的个数.

为了证明的方便,假定 $X/2\leqslant v\leqslant X$. 对于一般情况,只需要利用二分思想,类似地考虑 $X2^{-j}\leqslant v\leqslant X2^{1-j}(j=1,2,\cdots)$ 即可.

为了估计不等式(2.1.2)的素数解的个数 $\psi(v)$ 的下界,就要估计积分 $J_v(\mathbb{R})$. 利用 Davenport 和 Heilbronn 发展的圆法,可以把实轴分成三段:主区间 $\mathfrak{M}$、余区间 $\mathfrak{m}$ 和平凡区间 $\mathfrak{t}$, 这里

$$\mathfrak{M}=\{\alpha:|\alpha|\leqslant\phi\},\mathfrak{m}=\{\alpha:\phi<|\alpha|\leqslant\xi\},\mathfrak{t}=\{\alpha:|\alpha|>\xi\},$$

其中 $\phi=X^{-5/9-3\varepsilon},\xi=\tau^{-2}X^{1+2\varepsilon}$.

在后面几节中,将分别给出主区间上积分 $J_v(\mathfrak{M})$ 的下界、余区间上积分 $J_v(\mathfrak{m})$ 的上界以及平凡区间上积分 $J_v(\mathfrak{t})$ 的上界.

2.2 筛法与筛函数

本节将给出 Matomaki[63]建立的素数特征函数 $\rho(n)$ 的上、下界函数 $\rho^{+}(n)$ 和 $\rho^{-}(n)$ 的基本性质. $\rho^{+}(n)$ 和 $\rho^{-}(n)$ 都是一些系数 a_n 的有限和,其中 a_n 一定是下面两种形式之一.

Ⅰ型和:

$$a_n = \sum_{\substack{mk=n \\ m\sim M}} b_m, \tag{Ⅰ}$$

其中 $M \ll X^{7/9}$.

Ⅱ型和:对任意 $Q \in [X^{1/3}, X^{4/9}]$,存在 $M \in [Q, QX^{1/9}]$ 使得

$$a_n = \sum_{\substack{ml=n \\ m\sim M}} b_m c_l. \tag{Ⅱ}$$

这里 a_n, b_m, c_l 都是除数界的,即存在常数 C,使得 $a_n \ll \mathrm{d}(n)^{C}$. 由于篇幅的限制,下面经典的三角和估计就不给出证明了,证明可以参考文献[63].

引理 2.1[63] 设 α 是一个实数,存在整数 $a \in \mathbb{R}$和自然数 $q \in \mathbb{N}$满足

$$(a,q)=1,\ |q\alpha - a| < q^{-1}.$$

对任意复数 b_m 和 c_l($|b_m| \ll 1$, $|c_l| \ll 1$),有

$$\sum_{\substack{ml\sim X \\ m\sim M}} b_m c_l \mathrm{e}(ml\alpha) \ll (Xq^{-1/2} + (Xq)^{1/2} + XM^{-1/2} + (XM)^{1/2})(\log X)^2$$

和

$$\sum_{\substack{ml\sim X \\ m\sim M}} b_m \mathrm{e}(ml\alpha) \ll (M + Xq^{-1} + q)(\log(2qX)).$$

引理 2.2[63] 设 α 是一个实数,存在整数 $a \in \mathbb{R}$和自然数 $q \in \mathbb{N}$满足

$$(a,q)=1,\ |q\alpha - a| < q^{-1}.$$

设 A 和 Q 是两个正整数且满足 $AQ \ll q^{C}$. 设集合 $\mathfrak{Q} = \{q_1 \in \mathbb{Z} \mid q_1 \sim Q\}$. 对于任意 $\varepsilon > 0$ 和 $0 < \theta < 1/2$,关于(q_1, n) 的不等式

$$\|q_1 n\alpha\| < \theta,\ q_1 \in \mathfrak{Q},\ 1 \leqslant n \leqslant A$$

的解数 $N(q_1, n)$ 满足

$$N(q_1,n) \ll |\mathfrak{Q}| A\theta + q^{\varepsilon}(Q + AQq^{-1} + q\theta),$$

这里$\ll$只依赖于 α, C 和 ε.

2.3　一些必要的引理

引理 2.3[37]　设实数 $D>C\geqslant 2, B>A\geqslant 1$. $g(t)$ 为区间 $[C,D]$ 上的连续函数. 有

$$\int_A^B\left|\int_C^D g(t)y^{it}\mathrm{d}t\right|^2\mathrm{d}y\ll B\log D\int_C^D|g(t)|^2\mathrm{d}t.\tag{2.3.1}$$

证明:把公式(2.3.1)左边的积分记为 I,则

$$I=\int_A^B\int_C^D\int_C^D g(t_1)y^{it_1}\bar{g}(t_2)y^{-it_2}\mathrm{d}t_2\mathrm{d}t_1\mathrm{d}y$$

$$=\int_C^D\int_C^D g(t_1)\bar{g}(t_2)\left[\frac{y^{i(t_1-t_2)+1}}{i(t_1-t_2)+1}\right]_A^B\mathrm{d}t_1\mathrm{d}t_2.$$

利用经典不等式

$$|g(t_1)g(t_2)|\leqslant\frac{1}{2}(|g(t_1)|^2+|g(t_2)|^2),$$

有

$$I\leqslant\int_C^D\int_C^D|g(t_1)|^2\frac{2B}{\sqrt{1+(t_1-t_2)^2}}\mathrm{d}t_1\mathrm{d}t_2.$$

又由于对于任意 $t_1\in[C,D]$,积分

$$\int_C^D\frac{1}{\sqrt{1+(t_1-t_2)^2}}\mathrm{d}t_2\ll\log D.$$

所以,有

$$I\ll B\log D\int_C^D|g(t)|^2\mathrm{d}t.$$

引理得证.

引理 2.4[37]　设实数 $T>1, N>1, a_n$ 为一复数序列,则有

$$\int_{-T}^T\left|\sum_{n\sim N}a_n n^{it}\right|^2\mathrm{d}t\ll(T+N)\sum_{n\sim N}|a_n|^2.$$

证明:首先由经典的积分公式

$$\int_{-\infty}^{+\infty}\exp(iut-|t|)\mathrm{d}t=\frac{2}{1+u^2},$$

得下面的积分公式

$$\int_{-\infty}^{+\infty}\exp(iut-|t/T|)\mathrm{d}t=\frac{2T}{1+(uT)^2}.$$

从而,要证明引理的结论只需考虑下面的积分

$$I=\int_{-\infty}^{+\infty}\left|\sum_{n\sim N}a_n n^{it}\right|^2\exp(-|t/T|)\mathrm{d}t.$$

把上面的积分打开，得

$$I=\sum_{m\sim N}\sum_{n\sim N}a_n\bar{a}_m\int_{-\infty}^{+\infty}\exp(it\log(n/m)-|t/T|)\mathrm{d}t.$$

显然，上面和式中对角项"$m=n$"的贡献为

$$2T\sum_{n\sim N}|a_n|^2.$$

对于剩余的非对角项，不妨假设 $m<n$，令 $r=n-m$. 显然 $1\leqslant r\leqslant n-N$. 由经典的不等式

$$|a_na_m|\leqslant\frac{1}{2}(|a_n|^2+|a_m|^2)$$

知，只需考虑下面的估计

$$S=\sum_{n\sim N}|a_n|^2\sum_{r=1}^{n-N}\frac{T}{1+T^2\log^2((n-r)/n)}.$$

然而，

$$|\log((n-r)/n)|=-\log(1-r/n)\gg r/N,$$

所以，有

$$\begin{aligned}S&\ll\sum_{n\sim N}|a_n|^2\sum_{r=1}^{n-N}\min\left(T,\frac{N^2}{Tr^2}\right)\\&\ll N\sum_{n\sim N}|a_n|^2.\end{aligned}$$

引理得证.

2.4 主 区 间

本节给出主区间积分的下界. 为此，需要几个必要的引理.

引理 2.5 存在正实数 u^- 和 u^+，$2u^->u^+$，使得对于任意 $\vartheta\in[(6\phi X)^{-1},6(\phi X)^{-1}]$ 和 $A>0$，有

$$\int_{\eta X}^{X}\Big(\sum_{y\leqslant n<y+y\vartheta}(\rho^{\pm}(n)-u^{\pm}\log n)\Big)^2\mathrm{d}y\ll X\phi^{-2}(\log X)^{-A},$$

这里 $\phi=X^{-5/9-3\varepsilon}$.

证明：设 $\vartheta'=\exp(-3(\log X)^{1/3})$，记$\mathcal{A}=[y,y+y\vartheta]$，$\mathcal{B}=[y,y+y\vartheta']$. 接下来证明下面论断：

$$\int_{\eta X}^{X}\Big(\sum_{n\in\mathcal{A}}\rho^{\pm}(n)-\frac{\vartheta}{\vartheta'}\sum_{n\in\mathcal{B}}\rho^{\pm}(n)\Big)^2\mathrm{d}y\ll X\phi^{-2}(\log X)^{-A}.\qquad(2.4.1)$$

显然，要证明上面的论断，只需证明把 $\rho^{\pm}$ 替换成 2.2 节提到的 Ⅰ 型和、Ⅱ 型和的情形即可.

情形 1:对于Ⅱ型和

$$\sum_{\substack{ml \in A \\ m \sim M}} b_m c_l,$$

这里 $M \in [X^{4/9}, X^{5/9}]$. 利用 Heath-brown 的方法[42]证明. 设 $T = \vartheta^{-1} X^{2\varepsilon}$, $s = 1/2 + it$. 令

$$F(s) = \sum_{\substack{\eta X \leqslant ml < X \\ m \sim M}} b_m c_l (ml)^{-s}.$$

显然,因为这里 b_m 和 c_l 都是除数界的,那么存在某个正实数 B,有估计 $|F(s)| \ll X^{1/2}(\log X)^B$. 利用经典的 Perron 公式得,对于 $\vartheta^* = \vartheta$ 或 ϑ',有

$$\sum_{\substack{y \leqslant ml < y + y\vartheta^* \\ m \sim M}} b_m c_l = \frac{1}{2\pi i} \int_{1/2-iT}^{1/2+iT} F(s) \frac{(y + y\vartheta^*)^s - y^s}{s} \mathrm{d}s + O(X^{\varepsilon}(1 + XT^{-1})).$$

令 $T_0 = \exp((\log X)^{1/3})$. 对 $s = 1/2 + it$,有

$$\frac{(y + y\vartheta^*)^s - y^s}{s} = \begin{cases} y^s \vartheta^* + O(y^{1/2} |s| (\vartheta^*)^2), t \leqslant T_0; \\ O(y^{1/2} \vartheta^*), t \leqslant T_0. \end{cases}$$

因此,有

$$\sum_{\substack{y \leqslant ml < y + y\vartheta^* \\ m \sim M}} b_m c_l = \frac{\vartheta^*}{2\pi i} \int_{1/2-iT_0}^{1/2+iT_0} F(s) y^s \mathrm{d}s + E(\vartheta^*) + O(X^{1-\varepsilon}\vartheta) + O(y(\log y)^B (\vartheta^* T_0)^2),$$

这里

$$E(\vartheta^*) = \frac{1}{2\pi i} \left(\int_{1/2+iT_0}^{1/2+iT} + \int_{1/2-iT}^{1/2-iT_0} \right) F(s) \frac{(1 + \vartheta^*)^s - 1}{s} y^s \mathrm{d}s.$$

那么,有

$$\sum_{\substack{ml \in \mathcal{A} \\ m \sim M}} b_m c_l - \frac{\vartheta}{\vartheta'} \sum_{\substack{ml \in \mathcal{B} \\ m \sim M}} b_m c_l = E(\vartheta) + \frac{\vartheta}{\vartheta'} E(\vartheta') + O(X\vartheta \exp(-0.5(\log X)^{1/3})).$$

因此,有

$$\int_{\eta X}^{X} \left(\sum_{\substack{ml \in \mathcal{A} \\ m \sim M}} b_m c_l - \frac{\vartheta}{\vartheta'} \sum_{\substack{ml \in \mathcal{B} \\ m \sim M}} b_m c_l \right)^2 \mathrm{d}y$$

$$\ll \int_{\eta X}^{X} |E(\vartheta)|^2 \mathrm{d}y + \frac{\vartheta^2}{(\vartheta')^2} \int_{\eta X}^{X} |E(\vartheta')|^2 \mathrm{d}y + X\phi^{-2} \exp(-(\log X)^{1/3}).$$

由引理 2.3 知,对于 $\vartheta^* = \vartheta$ 或 ϑ',有

$$\int_{\eta X}^{X} |E(\vartheta^*)|^2 \mathrm{d}y \ll X^2 \log T \int_{1/2+iT_0}^{1/2+iT} \left| F(s) \frac{(1 + \vartheta^*)^s - 1}{s} \right|^2 |\mathrm{d}s|$$

$$\ll X^2 (\vartheta^*)^2 \log T \int_{1/2+iT_0}^{1/2+iT} |F(s)|^2 |\mathrm{d}s|.$$

从而,有

$$\int_{\eta X}^{X}\Big(\sum_{\substack{ml\in\mathcal{A}\\ m\sim M}}b_m c_l-\frac{\vartheta}{\vartheta'}\sum_{\substack{ml\in\mathcal{B}\\ m\sim M}}b_m c_l\Big)^2\mathrm{d}y$$

$$\ll X^2\vartheta^2\log T\int_{T_0}^{T}|F(1/2+it)|^2\mathrm{d}t+X\phi^{-2}\exp(-(\log X)^{1/3}).$$

注意到 $T=\vartheta^{-1}X^{2\varepsilon}\ll X^{4/9}\ll y/M$,由引理 2.4 知,

$$\begin{aligned}\int_{T_0}^{T}|F(1/2+it)|^2\mathrm{d}t&\ll\int_{T_0}^{T}\Big|\sum_{m\sim M}b_m m^{-1/2-it}\Big|^2\Big|\sum_{l\sim X/M}c_l l^{-1/2-it}\Big|^2\mathrm{d}t\\&\ll\max_{t\in[T_0,T]}\Big|\sum_{m\sim M}b_m m^{-1/2-it}\Big|^2(X/M+T)(\log X)^C\\&\ll X(\log X)^{-A}.\end{aligned}$$

这里用到估计

$$\Big|\sum_{m\sim M}b_m m^{-1/2-it}\Big|\ll M^{1/2}(\log X)^{-A-C},$$

这里系数 b_m 是由一些素数的特征函数生成的,详细的解释可以参考文献[37]中的公式(7.2.3).因此,有

$$\int_{\eta X}^{X}\Big(\sum_{\substack{ml\in\mathcal{A}\\ m\sim M}}b_m c_l-\frac{\vartheta}{\vartheta'}\sum_{\substack{ml\in\mathcal{B}\\ m\sim M}}b_m c_l\Big)^2\mathrm{d}y\ll X\phi^{-2}(\log X)^{-A}.$$

情形 2:考虑Ⅰ型和 $\sum\limits_{\substack{ml\in\mathcal{A}\\ m\sim M}}b_m$,这里 $M\leqslant X^{7/9}$. 下面分两种情况分析.

情形 2a:若 $M\leqslant X^{1-\varepsilon}\vartheta$,则有

$$\begin{aligned}\Big|\sum_{\substack{ml\in\mathcal{A}\\ m\sim M}}b_m-\frac{\vartheta}{\vartheta'}\sum_{\substack{ml\in\mathcal{B}\\ m\sim M}}b_m\Big|&=\Big|\sum_{m\sim M}b_m\Big(\Big[\frac{y\vartheta}{m}\Big]-\frac{\vartheta}{\vartheta'}\Big[\frac{y\vartheta'}{m}\Big]\Big)\Big|\\&\leqslant\sum_{m\sim M}|b_m|\ll MX^{\varepsilon/2}\ll X^{1-\varepsilon/2}\vartheta.\end{aligned}$$

那么,有

$$\int_{\eta X}^{X}\Big(\sum_{\substack{ml\in\mathcal{A}\\ m\sim M}}b_m-\frac{\vartheta}{\vartheta'}\sum_{\substack{ml\in\mathcal{B}\\ m\sim M}}b_m\Big)^2\mathrm{d}y\ll X^{3-\varepsilon}\vartheta^2\ll X^{1-\varepsilon}\phi^{-2}.$$

情形 2b:若 $X^{1-\varepsilon}\vartheta<M\leqslant X^{7/9}$,令

$$G(s)=\sum_{\substack{\eta X\leqslant ml<2X\\ m\sim M}}b_m(ml)^{-s}.$$

同情形 1 类似讨论,有

$$\int_{\eta X}^{X}\Big(\sum_{\substack{ml\in\mathcal{A}\\ m\sim M}}b_m-\frac{\vartheta}{\vartheta'}\sum_{\substack{ml\in\mathcal{B}\\ m\sim M}}b_m\Big)^2\mathrm{d}y$$

$$\ll X^2\vartheta^2\log T\int_{T_0}^{T}|G(1/2+it)|^2\mathrm{d}t+X\phi^{-2}\exp(-(\log X)^{1/3}).$$

积分

$$\int_{T_0}^{T}|G(1/2+it)|^2\mathrm{d}t \ll \max_{\eta X\leqslant Y\leqslant X}\int_{T_0}^{T}\Big|\sum_{m\sim M}b_m m^{-1/2-it}\Big|^2\Big|\sum_{l\sim L}l^{-1/2-it}\Big|^2\mathrm{d}t,$$

这里 $L=Y/M$. 由 Riemann-Zeta 函数的函数逼近方程（参见 Titchmarsh[78] 的公式(4.12.4)知，当 $s=1/2+it$ 时，有

$$\zeta(s)=\sum_{l\leqslant L}l^{-s}+\chi(s)\sum_{k\leqslant K}k^{s-1}+O(K^{-1/2}+L^{-1/2}),$$

这里 $2\pi KL=t$，$|\chi(s)|=1$. 因此，当 $t>L$ 时，有

$$\begin{aligned}\sum_{l\leqslant L}l^{-1/2-it}&=\chi(s)\sum_{\frac{t}{4\pi L}\leqslant k\leqslant\frac{t}{2\pi L}}k^{-1/2+it}+O(L^{-1/2}+(t/L)^{-1/2})\\&=O\Big(\Big(\frac{t}{L}\Big)^{1/2}\Big).\end{aligned}$$

另一方面，当 $T_0\leqslant t\leqslant L$ 时，由文献[78]中的定理 4.11 知，

$$\sum_{l\leqslant L}l^{-1/2-it}=\frac{(2L)^{1/2-it}-L^{1/2-it}}{1/2-it}+O(L^{-1/2})=O(L^{1/2}t^{-1}).$$

这时 $X^{1-\varepsilon}\vartheta<M\leqslant X^{7/9}$，由引理 2.4 知，

$$\begin{aligned}&\int_{\eta X}^{X}\Big(\sum_{\substack{ml\in\mathcal{A}\\m\sim M}}b_m-\frac{\vartheta}{\vartheta'}\sum_{\substack{ml\in\mathcal{B}\\m\sim M}}b_m\Big)^2\mathrm{d}y\\&\ll X^2\vartheta^2(\log X)\Big(\frac{MT}{X}+\frac{X}{MT_0^2}\Big)\int_{T_0}^{T}\Big|\sum_{m\sim M}b_m m^{-1/2-it}\Big|^2\mathrm{d}t\\&\quad+X\phi^{-2}\exp(-(\log X)^{1/3})\\&\ll X^2\vartheta^2(\log X)\Big(\frac{MT}{X}+\frac{X}{MT_0^2}\Big)(M+T)(\log X)^C+X\phi^{-2}\exp(-(\log X)^{1/3})\\&\ll X\phi^{-2}(\log X)^{-A}.\end{aligned}$$

这就完成了断言中式(2.4.1)的证明. 又由文献[63]的第 7 章知，

$$\sum_{n\in\mathcal{B}}\rho^{\pm}(n)=\frac{u^{\pm}\vartheta'}{\vartheta}\sum_{n\in\mathcal{A}}\frac{1}{\log n}+O(X\exp(-3(\log X)^{1/3})),\tag{2.4.2}$$

最后，代入式(2.4.1)和式(2.4.2)，即得引理.

引理 2.6 对 $j=1,2$，有

$$\int_{-\phi}^{\phi}|S_j^{\pm}(\alpha)-u^{\pm}I(\lambda_j\alpha)|^2\mathrm{d}\alpha\ll X(\log X)^{-A}.$$

证明：显然，有

$$\begin{aligned}&\int_{-\phi}^{\phi}|S_j^{\pm}(\alpha)-u^{\pm}I(\lambda_j\alpha)|^2\mathrm{d}\alpha\\&\leqslant\int_{-\phi}^{\phi}|S_j^{\pm}(\alpha)-u^{\pm}U(\lambda_j\alpha)|^2\mathrm{d}\alpha+\int_{-\phi}^{\phi}|u^{\pm}U(\lambda_j\alpha)-u^{\pm}I(\lambda_j\alpha)|^2\mathrm{d}\alpha.\end{aligned}\tag{2.4.3}$$

首先，由 Euler-Maclaurin 求和公式知，

$$|U(\lambda_j\alpha)-I(\lambda_j\alpha)|\ll 1+|\alpha|X,$$

则有

$$\int_{-\phi}^{\phi}|u^{\pm}U(\lambda_j\alpha)-u^{\pm}I(\lambda_j\alpha)|^2\mathrm{d}\alpha \ll \int_{|\alpha|\leqslant X^{-1}}\mathrm{d}\alpha+\int_{X^{-1}<|\alpha|\leqslant\phi}X^2\alpha^2\mathrm{d}\alpha$$
$$\ll X^{-1}+X^2\phi^3$$
$$\ll X(\log X)^{-A}. \tag{2.4.4}$$

接着，由 Gallagher 引理和引理 2.5 知，

$$\int_{-\phi}^{\phi}|S_j^{\pm}(\alpha)-u^{\pm}U(\lambda_j\alpha)|^2\mathrm{d}\alpha$$
$$=\int_{-\phi}^{\phi}\left|\sum_{\eta X<n\leqslant X}\left(\rho^{\pm}(n)-\frac{u^{\pm}}{\log n}\right)\mathrm{e}(n\alpha)\right|^2\mathrm{d}\alpha$$
$$\ll \phi^2\left(\int_{\eta X}^{X}+\int_{\eta X-(2\phi)^{-1}}^{\eta X}\right)\left|\sum_{y\leqslant n\leqslant y+(2\phi)^{-1}}\left(\rho^{\pm}(n)-\frac{u^{\pm}}{\log n}\right)\right|\mathrm{d}y$$
$$\ll X(\log X)^{-A}+\phi^{-1}X^{2\varepsilon}$$
$$\ll X(\log X)^{-A}. \tag{2.4.5}$$

这里用到了显然估计

$$\left|\sum_{y\leqslant n\leqslant y+(2\phi)^{-1}}\left(\rho^{\pm}(n)-\frac{u^{\pm}}{\log n}\right)\right|\ll\phi^{-1}X^{\varepsilon}.$$

由式(2.4.3)～式(2.4.5)即得引理.

引理 2.7 有

$$J_v(\mathfrak{M}):=\int_{\mathfrak{M}}F(\alpha)K(\alpha)\mathrm{e}(-v\alpha)\mathrm{d}\alpha\gg\tau^2\frac{X}{(\log X)^2}.$$

证明:定义

$$G(x)=(2u^+u^--(u^+)^2)I(\lambda_1x)I(\lambda_2x).$$

显然有

$$\int_{\mathfrak{M}}|F(\alpha)-G(\alpha)|\mathrm{d}\alpha$$
$$\leqslant\int_{-\phi}^{\phi}|S_1^+(\alpha)S_2^-(\alpha)-u^+u^-I(\lambda_1x)I(\lambda_2x)|\mathrm{d}\alpha$$
$$+\int_{-\phi}^{\phi}|S_1^-(\alpha)S_2^+(\alpha)-u^+u^-I(\lambda_1x)I(\lambda_2x)|\mathrm{d}\alpha$$
$$+\int_{-\phi}^{\phi}|S_1^+(\alpha)S_2^+(\alpha)-(u^+)^2I(\lambda_1x)I(\lambda_2x)|\mathrm{d}\alpha$$

不失一般性，只需估计上式不等号右边的第一个积分即可，其余两个类似可得. 由 Cauchy-Schwarz 不等式和引理 2.6 知，

$$\int_{-\phi}^{\phi}|S_1^+(\alpha)S_2^-(\alpha)-u^+u^-I(\lambda_1x)I(\lambda_2x)|\mathrm{d}\alpha$$
$$\leqslant\int_{-\phi}^{\phi}|S_1^+(\alpha)S_2^-(\alpha)-S_1^+(\alpha)u^-I(\lambda_2x)|\mathrm{d}\alpha$$

$$+\int_{-\phi}^{\phi} | S_1^+(\alpha)u^- I(\lambda_2 x) - u^+ u^- I(\lambda_1 x)I(\lambda_2 x) | \mathrm{d}\alpha$$

$$\leqslant \left(\int_{-\phi}^{\phi} | S_2^-(\alpha) - u^- I(\lambda_2 x) |^2 \mathrm{d}\alpha\right)^{1/2} \left(\int_{-\phi}^{\phi} | S_1^+(\alpha) |^2 \mathrm{d}\alpha\right)^{1/2}$$

$$+ \left(\int_{-\phi}^{\phi} | S_1^+(\alpha) - u^+ I(\lambda_1 x) |^2 \mathrm{d}\alpha\right)^{1/2} \left(\int_{-\phi}^{\phi} | u^- I(\lambda_2 x) |^2 \mathrm{d}\alpha\right)^{1/2}.$$

由 2.2 节 $\rho^+(n)$ 的构造知，$\rho^+(n)$ 是除数界的. 所以，有

$$\int_{-\phi}^{\phi} | S_1^+(\alpha) |^2 \mathrm{d}\alpha \leqslant \int_{-1}^{1} | S_1^+(\alpha) |^2 \mathrm{d}\alpha$$
$$\ll \sum_{\eta X < n \leqslant X} \rho^+(n)$$
$$\ll X(\log X)^C.$$

另外，显然有

$$\int_{-\phi}^{\phi} | I(\lambda_2 x) |^2 \mathrm{d}\alpha \leqslant \int_{-1}^{1} | I(\lambda_2 x) |^2 \mathrm{d}\alpha$$
$$\ll X(\log X)^{-2}.$$

由引理 2.6 知，

$$\int_{-\phi}^{\phi} | S_1^+(\alpha)S_2^-(\alpha) - u^+ u^- I(\lambda_1 x)I(\lambda_2 x) | \mathrm{d}\alpha$$
$$\ll (X(\log X)^{-A_1} X(\log X)^C)^{1/2}$$
$$\ll X(\log X)^{-A}.$$

从而可知，

$$\int_{\mathfrak{M}} | F(\alpha) - G(\alpha) | K(\alpha)\mathrm{d}\alpha \ll \tau^2 X(\log X)^{-A}. \tag{2.4.6}$$

下面来证明

$$\int_{\mathfrak{M}} G(\alpha)K(\alpha)\mathrm{e}(-v\alpha)\mathrm{d}\alpha \gg \tau^2 \frac{X}{(\log X)^2}. \tag{2.4.7}$$

由分部积分法易知，

$$| I(\alpha) | \ll \min(X, | \alpha |^{-1}).$$

所以，有

$$\int_{|\alpha|>\phi} | G(\alpha) | K(\alpha)\mathrm{d}\alpha$$
$$\ll \int_{|\alpha|>\phi} | I(\lambda_1\alpha)I(\lambda_2\alpha) | K(\alpha)\mathrm{d}\alpha$$
$$\ll \int_{|\alpha|>\phi} | \alpha |^{-3} \mathrm{d}\alpha$$
$$\ll \phi^{-2} \ll \tau^2 X^{1-\varepsilon}. \tag{2.4.8}$$

最后来证明

$$\int_{-\infty}^{+\infty}G(\alpha)K(\alpha)e(-v\alpha)d\alpha \gg \tau^2\frac{X}{(\log X)^2}. \tag{2.4.9}$$

利用经典的 Davenport 的方法，有

$$\begin{aligned}&\int_{-\infty}^{+\infty}G(\alpha)K(\alpha)e(-v\alpha)d\alpha\\ &\gg\int_{\eta X}^{X}\int_{\eta X}^{X}\frac{1}{(\log X)^2}\int_{-\infty}^{+\infty}e(\alpha(\lambda_1x_1+\lambda_2x_2-v))K(\alpha)d\alpha dx_1dx_2\\ &\gg\frac{1}{(\log X)^2}\int_{\eta X}^{X}\int_{\eta X}^{X}\max(0,\tau-|\lambda_1x_1+\lambda_2x_2-v|)dx_1dx_2.\end{aligned}$$

由于 η 充分小，显然存在常数 d 和 D，对 $\forall x_1\in(dX,DX)\subset(\eta X,X)$，关于变量 x_2 的不等式 $|\lambda_1x_1+\lambda_2x_2-v|<\tau/2$ 都有解. 从而，有

$$\int_{\eta X}^{X}\int_{\eta X}^{X}\max(0,\tau-|\lambda_1x_1+\lambda_2x_2-v|)dx_1dx_2\gg\tau^2X.$$

因此，证明了式(2.4.9). 由式(2.4.8)和式(2.4.9)即得式(2.4.7). 这就完成了引理的证明.

2.5 余区间

本节将给出余区间上积分的上界. 由 $F(\alpha)$ 的定义知，

$$\begin{aligned}&\int_{\mathfrak{m}}|F(\alpha)|^2K(\alpha)d\alpha\\ &\ll\int_{\mathfrak{m}}|S_1^+(\alpha)S_2^-(\alpha)|^2K(\alpha)d\alpha+\int_{\mathfrak{m}}|S_1^-(\alpha)S_2^+(\alpha)|^2K(\alpha)d\alpha\\ &\quad+\int_{\mathfrak{m}}|S_1^+(\alpha)S_2^+(\alpha)|^2K(\alpha)d\alpha.\end{aligned}$$

记

$$S_j(\alpha)=\sum_{\eta X<n\leqslant X}a_ne(n\lambda_j\alpha).$$

这里 a_n 是在 2.2 节定义的Ⅰ型和或者Ⅱ型和. 不失一般性，只需证明下面估计即可.

$$\int_{\mathfrak{m}}|S_1(\alpha)S_2(\alpha)|^2K(\alpha)d\alpha\ll\tau X^{1+2g(\delta)+\varepsilon},$$

这里

$$g(\delta)=\begin{cases}7/9, 1/6\leqslant\delta<2/9;\\ 5/6-\delta/3, 0<\delta<1/6.\end{cases}$$

令 $\mathfrak{m}'=\mathfrak{m}_1\cup\mathfrak{m}_2$，$\hat{\mathfrak{m}}=\mathfrak{m}\backslash\mathfrak{m}'$，这里

$$\mathfrak{m}_1=\{\alpha\in\mathfrak{m}: |S_1(\alpha)|\leqslant X^{g(\delta)+2\varepsilon}\},$$

$$\mathfrak{m}_2 = \{\alpha \in \mathfrak{m}: |S_2(\alpha)| \leqslant X^{g(\delta)+2\varepsilon}\}.$$

首先来估计 $\mathfrak{m}'$ 上的积分，有下面的引理.

引理 2.8 有

$$\int_{\mathfrak{m}'} |S_1(\alpha)S_2(\alpha)|^2 K(\alpha)\mathrm{d}\alpha \ll \tau X^{1+2g(\delta)+5\varepsilon}.$$

证明：不失一般性，只需证明 $\mathfrak{m}_1$ 的情形即可. 由 $\mathfrak{m}_1$ 的定义知，

$$\begin{aligned}
&\int_{\mathfrak{m}_1} |S_1(\alpha)S_2(\alpha)|^2 K(\alpha)\mathrm{d}\alpha \\
&\ll X^{2g(\delta)+4\varepsilon}\int_{\mathfrak{m}_1} |S_2(\alpha)|^2 K(\alpha)\mathrm{d}\alpha \\
&\ll X^{2g(\delta)+4\varepsilon}\int_{-\infty}^{+\infty} |S_2(\alpha)|^2 K(\alpha)\mathrm{d}\alpha \\
&= X^{2g(\delta)+4\varepsilon}\sum_{\eta X < m,n \leqslant X} a_m a_n \int_{-\infty}^{+\infty} \mathrm{e}((m-n)\lambda_2\alpha)K(\alpha)\mathrm{d}\alpha \\
&\ll \tau X^{2g(\delta)+4\varepsilon}\sum_{\substack{\eta X < m,n \leqslant X \\ |(m-n)\lambda_2| < \tau}} a_m a_n \\
&\ll \tau X^{1+2g(\delta)+5\varepsilon}.
\end{aligned}$$

这里用到的 a_n 是除数界的以及 $0 < \tau < 1$. 从而命题得证.

现在只剩下 $\hat{\mathfrak{m}}$ 上的积分要估计，利用由 Brudern、Cook 和 Perelli 首次提出以及后来由 Harman 和 Matomaki 进一步发展的方法.

引理 2.9 有

$$\int_{\hat{\mathfrak{m}}} |S_1(\alpha)S_2(\alpha)|^2 K(\alpha)\mathrm{d}\alpha \ll \tau X^{1+2g(\delta)+\varepsilon}.$$

证明：先考虑 $S_1(\alpha)$ 和 $S_2(\alpha)$ 都是Ⅱ型和的情形. 设集合

$$\mathcal{A}(Z_1, Z_2) = \{\alpha \in \hat{\mathfrak{m}} \mid S_1(\alpha) \sim Z_1, S_2(\alpha) \sim Z_2\}.$$

不失一般性，可以假设

$$Z_1 \geqslant Z_2 \geqslant X^{g(\delta)+2\varepsilon}.$$

由引理 2.1 和经典的 Dirichlet 逼近定理知，对任意 $\alpha \in \mathcal{A}(Z_1, Z_2)$，存在整数 $a_1, a_2, q_1 \geqslant 1, q_2 \geqslant 1$ 使得

$$|q_j\lambda_j\alpha - a_j| \ll \frac{X^{1+\varepsilon}}{Z_j^2}, (a_j, q_j) = 1, a_j \neq 0,$$

和

$$q_j \ll \frac{X^{2+\varepsilon}}{Z_j^2}. \tag{2.5.1}$$

对任意 $\alpha \in \mathcal{A}(Z_1, Z_2)$，有

$$\left|\frac{a_j}{\alpha}\right| \ll q_j + \frac{X^{1+\varepsilon}}{Z_j^2} |\alpha|^{-1} \ll q_j.$$

令集合

$$\mathcal{A}' = \mathcal{A}(Z_1, Z_2, Q_1, Q_2, k)$$
$$= \{\alpha \in \mathcal{A}(Z_1, Z_2) \mid q_j \sim Q_j; a_j \asymp kQ_j, j = 1,2\},$$

要证明引理 2.9，只需证明对所有

$$Z_1 \geqslant Z_2 \geqslant X^{g(\delta)+2\varepsilon}, Q_j \ll \frac{X^{2+\varepsilon}}{Z_j^2}, k \in \mathrm{m}, \tag{2.5.2}$$

都有

$$Z_1^2 Z_2^2 \mu(\mathcal{A}') \min(\tau^2, k^{-2}) \ll \tau X^{1+2g(\delta)+\varepsilon}, \tag{2.5.3}$$

这里 $\mu(\mathcal{A}')$ 表示集合 $\mathcal{A}'$ 的 Lebesgue 测度.

下面证明式(2.5.3). 首先，对任意 $\alpha \in \mathcal{A}'$，有

$$\left| a_2 q_1 \frac{\lambda_1}{\lambda_2} - a_1 q_2 \right| = \left| \frac{a_2(q_1\lambda_1\alpha - a_1) + a_1(a_2 - q_2\lambda_2\alpha)}{\lambda_2 \alpha} \right|$$
$$\ll X^{1+\varepsilon} \max\left(\frac{Q_1}{Z_2^2}, \frac{Q_2}{Z_1^2}\right) := \theta.$$

根据 $Z_1 Z_2$ 的大小分两种情形来讨论.

情形 1：$Z_1 Z_2 \gg X^{5/2-g(\delta)+2\varepsilon}$. 这时有

$$\left| a_2 q_1 \frac{\lambda_1}{\lambda_2} - a_1 q_2 \right| \ll \frac{X^{3+2\varepsilon}}{Z_1^2 Z_2^2} \ll \frac{1}{X^{2-2g(\delta)+2\varepsilon}}.$$

又因为 λ_1/λ_2 是无理数和代数数，由 Roth 定理知，存在 λ_1/λ_2 的有理逼近 a/q 使得

$$q \asymp X^{2-2g(\delta)+\varepsilon}.$$

由于选取的 X 可以充分大，因此有

$$\left\| a_2 q_1 \frac{\lambda_1}{\lambda_2} \right\| \leqslant \frac{1}{4q}, q_1 \sim Q_1, a_2 \asymp kQ_2.$$

由引理 1.4 知，$|a_2 q_1| \geqslant q$. 设满足上面不等式的 $|a_2 q_1|$ 的不同取值个数为 L，有 $L \leqslant |\mathcal{L}|$，这里集合

$$\mathcal{L} = \{m \in \mathbb{N}: q \leqslant m \leqslant kQ_1Q_2, \|m\lambda_1/\lambda_2\| < 1/(4q)\}.$$

对任意两个正整数 $m_1, m_2 \in \mathcal{L}$，有

$$\left\| |m_1 - m_2| \frac{\lambda_1}{\lambda_2} \right\| \leqslant \left\| m_1 \frac{\lambda_1}{\lambda_2} \right\| + \left\| m_2 \frac{\lambda_1}{\lambda_2} \right\| < \frac{1}{2q}.$$

由引理 1.4 知，$|m_1 - m_2| \geqslant q$. 那么由鸽巢原理得，

$$L \leqslant |\mathcal{L}| \ll \frac{kQ_1Q_2}{q}.$$

又由除数函数的经典上界知，每一个 $|a_2 q_1|$ 的值最多对应 X^ε 个不同的 a_2 和 q_1 的值. 同样，对每个固定的 a_2 和 q_1，$a_1 q_2$ 是 $a_2 q_1 \lambda_1/\lambda_2$ 的整数部分，所以这里最多也有 X^ε 个不同的 a_1 和 q_2. 从而得

$$\mu(\mathcal{A}') \ll X^{\varepsilon} \frac{kQ_1Q_2}{q} \min\left(\frac{X^{1+\varepsilon}}{Z_1^2Q_1}, \frac{X^{1+\varepsilon}}{Z_2^2Q_2}\right)$$
$$\ll \frac{kX^{1+2\varepsilon}Q_1^{1/2}Q_2^{1/2}}{qZ_1Z_2}.$$

因此,有

$$Z_1^2Z_2^2\mu(\mathcal{A}')\min(\tau^2, k^{-2}) \ll Z_1^2Z_2^2\tau k^{-1}\frac{kX^{1+2\varepsilon}Q_1^{1/2}Q_2^{1/2}}{qZ_1Z_2}$$
$$\ll \tau\frac{X^{3+3\varepsilon}}{q}$$
$$\ll \tau X^{1+2g(\delta)+\varepsilon}.$$

从而情形 1 得证.

情形 2：$Z_1Z_2 \ll X^{5/2-g(\delta)+2\varepsilon}$. 设集合 $\mathcal{Q}_1 = \{q_1 \in \mathbb{N}: |S_1(\alpha)| \sim Z_1\}$, 由引理 2.2 知,不等式

$$\left\| a_2q_1\frac{\lambda_1}{\lambda_2}\right\| \leqslant \theta, q_1 \in \mathcal{Q}_1, a_2 \asymp kQ_2$$

的解数 H 满足

$$H \ll |\mathcal{Q}_1| kQ_2\theta + (Q_1 + kQ_1Q_2q^{-1} + q\theta)q^{\varepsilon}. \tag{2.5.4}$$

集合 $\mathcal{A}'$ 最多由 HX^{ε} 个长度不超过 γ 的小区间构成,这里

$$\gamma = \min\left(\frac{X^{1+\varepsilon}}{Z_1^2Q_1}, \frac{X^{1+\varepsilon}}{Z_2^2Q_2}\right).$$

注意到等式

$$\theta\gamma = \frac{X^{2+2\varepsilon}}{Z_1^2Z_2^2}.$$

根据估计式(2.5.4)的右边,分下面三种情形来讨论.

情形 2a：$H \ll (kQ_1Q_2q^{-1} + q\theta)q^{\varepsilon}$. 这时有

$$Z_1^2Z_2^2\mu(\mathcal{A}')\min(\tau^2, k^{-2}) \ll Z_1^2Z_2^2\min(\tau^2, k^{-2})(kQ_1Q_2q^{-1} + q\theta)q^{\varepsilon}X^{\varepsilon}\gamma$$
$$\ll \tau\frac{X^{2\varepsilon}Z_1^2Z_2^2Q_1Q_2\gamma}{q} + \tau^2X^{2\varepsilon}Z_1^2Z_2^2q\theta\gamma$$
$$\ll \tau\frac{X^{1+3\varepsilon}Z_1Z_2Q_1^{1/2}Q_2^{1/2}}{q} + \tau^2X^{2+4\varepsilon}q$$
$$\ll \tau X^{3+4\varepsilon}q^{-1} + \tau^2X^{2+4\varepsilon}q$$
$$\ll \tau X^{1+2g(\delta)+4\varepsilon}.$$

这就证明了情形 2a.

情形 2b：$H \ll Q_1q^{\varepsilon}$. 这时有

$$Z_1^2Z_2^2\mu(\mathcal{A}')\min(\tau^2, k^{-2}) \ll \tau^2Z_1^2Z_2^2X^{1+3\varepsilon}Q_1\min\left(\frac{1}{Z_1^2Q_1}, \frac{1}{Z_2^2Q_2}\right)$$
$$\ll \tau^2X^{1+3\varepsilon}Z_2^2$$

$$\ll \tau^2 X^{1+3\varepsilon} Z_1 Z_2$$
$$\ll \tau X^{1+5/2-g(\delta)-\delta+5\varepsilon}$$
$$\ll \tau X^{1+2g(\delta)+5\varepsilon}.$$

这就证明了情形 2b.

情形 2c：$H \ll | \mathcal{Q}_1 | kQ_2\theta$. 这里利用 Matomaki 的方法.

如果 $Z_1 > X^{8/9}$，由公式(2.5.1)知，$Q_1 \ll X^{2/9+\varepsilon}$. 如果 $Q_1Q_2 \leqslant X^{2g(\delta)-1}$，利用显然估计 $| \mathcal{Q}_1 | \leqslant Q_1$，得

$$Z_1^2 Z_2^2 \mu(\mathcal{A}')\min(\tau^2, k^{-2}) \ll \tau X^{2+3\varepsilon} | \mathcal{Q}_1 | Q_2$$
$$\ll \tau X^{1+2g(\delta)+3\varepsilon}.$$

因此，可以假设 $Q_1 \gg X^{2g(\delta)-1}/Q_2$. 由 Matomaki 的文献[63]的引理 15 知，

$$| \mathcal{Q}_1 | \ll \frac{X^{2+\varepsilon}}{Q_1 Z_1^2} + \frac{X^{13/9+\varepsilon} Q_1}{Z_1^2}. \tag{2.5.5}$$

因此，由公式(2.5.5)有

$$Z_1^2 Z_2^2 \mu(\mathcal{A}')\min(\tau^2, k^{-2}) \ll \tau X^{2+3\varepsilon} Q_2 \left(\frac{X^{2+\varepsilon}}{Q_1 Z_1^2} + \frac{X^{13/9+\varepsilon} Q_1}{Z_1^2} \right)$$
$$\ll \tau X^{29/9-2g(\delta)+4\varepsilon} Q_2^2 + \tau X^{5/3+4\varepsilon} Q_1 Q_2$$
$$\ll \tau X^{65/9-6g(\delta)+\varepsilon} + \tau X^{17/3-4g(\delta)+\varepsilon}$$
$$\ll \tau X^{1+2g(\delta)+5\varepsilon}.$$

如果 $\max(Z_1, Z_2) \leqslant X^{8/9}$，则可以在证明的开始互换 q_1 和 q_2 的角色，这时有

$$H \ll k\theta \min(| \mathcal{Q}_1 | Q_2, | \mathcal{Q}_2 | Q_1).$$

这是不妨假设 $Q_1 \geqslant Q_2$（这里不再假设 $Z_1 \geqslant Z_2$）.

当 $X^{1/3} \geqslant Q_1 \geqslant Q_2$ 时，由公式(2.5.5)知，

$$Z_1^2 Z_2^2 \mu(\mathcal{A}')\min(\tau^2, k^{-2}) \ll \tau X^{2+3\varepsilon} Q_2 \left(\frac{X^{2+\varepsilon}}{Q_1 Z_1^2} + \frac{X^{13/9+\varepsilon} Q_1}{Z_1^2} \right)$$
$$\ll \tau \frac{X^{4+4\varepsilon}}{Z_1^2} + \tau \frac{X^{31/9+4\varepsilon} Q_1^2}{Z_1^2}$$
$$\ll \tau X^{4-2g(\delta)+\varepsilon} + \tau X^{37/9-2g(\delta)+\varepsilon}$$
$$\ll \tau X^{1+2g(\delta)+5\varepsilon}.$$

当 $Q_1 \geqslant X^{1/3}$ 时，由 Matomaki 的文献[63]的引理 14 知，

$$| \mathcal{Q}_1 | \ll \frac{X^{4+\varepsilon}}{Z_1^4 Q_1^2}. \tag{2.5.6}$$

因此，由公式(2.5.6)有

$$Z_1^2 Z_2^2 \mu(\mathcal{A}')\min(\tau^2, k^{-2}) \ll \tau X^{2+3\varepsilon} Q_2 \frac{X^{4+\varepsilon}}{Z_1^4 Q_1^2}$$

$$\ll \tau X^{17/3-4g(\delta)+\varepsilon}$$
$$\ll \tau X^{1+2g(\delta)+5\varepsilon}.$$

这就完全证明了引理对Ⅱ型和成立.

下面讨论 $S_1(\alpha)$ 和 $S_2(\alpha)$ 至少有一个是Ⅰ型和.不妨假设 $S_2(\alpha)$ 是Ⅰ型和.由引理 2.1 和 Dirichlet 逼近定理知,存在整数 a_2 和正整数 q_2 使得

$$|q_2\lambda_2\alpha - a_2| \ll X^{\varepsilon}/Z_2, (a_2, q_2) = 1, a_2 \neq 0,$$

并且

$$q_2 \ll X^{1+\varepsilon}/Z_2.$$

重复Ⅱ型和的讨论,注意这时

$$\theta = \max\left(\frac{X^{\varepsilon}Q_1}{Z_2}, \frac{X^{1+\varepsilon}Q_2}{Z_1^2}\right), \gamma = \min\left(\frac{X^{1+\varepsilon}}{Z_1^2 Q_1}, \frac{X^{\varepsilon}}{Z_2 Q_2}\right).$$

因此,有

$$\theta\gamma = \frac{X^{1+2\varepsilon}}{Z_1^2 Z_2}.$$

与前面的证明类似,此时只需考虑 $H \ll kQ_1Q_2\theta$ 的情形即可.这时有

$$Z_1^2 Z_2^2 \mu(\mathcal{A}') \min(\tau^2, k^{-2}) \ll \tau X^{\varepsilon} Z_1^2 Z_2^2 Q_1 Q_2 \theta\gamma$$
$$\ll \tau X^{1+2g(\delta)+5\varepsilon}.$$

这就完成了引理的证明.

综合引理 2.8 和引理 2.9,可以得到下面的引理.

引理 2.10　有

$$\int_{\mathfrak{m}} |S_1(\alpha)S_2(\alpha)|^2 K(\alpha)\mathrm{d}\alpha \ll \tau X^{1+2g(\delta)+\varepsilon}.$$

2.6 平凡区间

本节来证明下面的引理.

引理 2.11　有

$$|J_v(\mathfrak{t})| \ll \tau^2 X^{1-\varepsilon}.$$

证明:由 $J_v(\mathfrak{t})$ 的定义知

$$|J_v(\mathfrak{t})| \leqslant \int_{\mathfrak{t}} |F(\alpha)| K(\alpha)\mathrm{d}\alpha$$
$$\leqslant \int_{\mathfrak{t}} |S_1^+(\alpha)S_2^-(\alpha)| K(\alpha)\mathrm{d}\alpha + \int_{\mathfrak{t}} |S_1^-(\alpha)S_2^+(\alpha)| K(\alpha)\mathrm{d}\alpha$$
$$+ \int_{\mathfrak{t}} |S_1^+(\alpha)S_2^+(\alpha)| K(\alpha)\mathrm{d}\alpha.$$

不失一般性,只需考虑一种情况即可.由 Cauchy-Schwarz 不等式知

$$\int_{\mathfrak{t}} |S_1^+(\alpha)S_2^-(\alpha)| K(\alpha)\mathrm{d}\alpha$$

$$\ll \left(\int_{\mathfrak{t}} |S_1^+(\alpha)|^2 K(\alpha)\mathrm{d}\alpha\right)^{1/2} \left(\int_{\mathfrak{t}} |S_1^-(\alpha)|^2 K(\alpha)\mathrm{d}\alpha\right)^{1/2}.$$

又由 $S_1^+(\alpha)$ 的周期性以及 $K(\alpha)$ 的定义知

$$\int_{\mathfrak{t}} |S_1^+(\alpha)|^2 K(\alpha)\mathrm{d}\alpha$$

$$\ll \int_{\xi}^{+\infty} \left|\sum_{\eta X<n\leqslant X} \rho^+(n)\mathrm{e}(n\lambda_1\alpha)\right|^2 \frac{1}{\alpha^2}\mathrm{d}\alpha$$

$$\ll \int_{|\lambda_1|\xi}^{+\infty} \left|\sum_{\eta X<n\leqslant X} \rho^+(n)\mathrm{e}(n\alpha)\right|^2 \frac{1}{\alpha^2}\mathrm{d}\alpha$$

$$\ll \sum\nolimits_{m=[|\lambda_1|\xi]}^{\infty} \int_m^{m+1} \left|\sum_{\eta X<n\leqslant X} \rho^+(n)\mathrm{e}(n\alpha)\right|^2 \frac{1}{\alpha^2}\mathrm{d}\alpha$$

$$\ll \int_0^1 \left|\sum_{\eta X<n\leqslant X} \rho^+(n)\mathrm{e}(n\alpha)\right|^2 \mathrm{d}\alpha \sum_{m=[|\lambda_1|\xi]}^{\infty} \frac{1}{m^2}$$

$$\ll X^{1+\varepsilon}\xi^{-1} \ll \tau^2 X^{1-\varepsilon},$$

这里用到的 $\rho^+(n)$ 是除数界的. 同理可知

$$\int_{\mathfrak{t}} |S_2^-(\alpha)|^2 K(\alpha)\mathrm{d}\alpha \ll \tau^2 X^{1-\varepsilon}.$$

从而引理得证.

2.7 定理的证明

本节来证明定理 2.1.

取 $\tau = X^{-\delta}$. V 是一个具有良好间隔的序列. 那么由 2.1 节 $\psi(v)$ 的定义知,对 $\forall v \in \mathbb{E}(V,X,\delta)$,都有 $\psi(v)=0$,这里集合 $\mathbb{E}(V,X,\delta)$ 表示集合 V 中 $v\leqslant X$ 且使得不等式

$$|\lambda_1 p_1 + \lambda_2 p_2 - v| < v^{-\delta}$$

无解的 v 的集合. 那么由公式(2.1)知,

$$\sum_{v\in\mathbb{E}(V,X,\delta)} (J_v(\mathfrak{M}) + J_v(\mathfrak{m}) + J_v(\mathfrak{t})) \leqslant 0.$$

由引理 2.7 和引理 2.11 知

$$\sum_{v\in\mathbb{E}(V,X,\delta)} (J_v(\mathfrak{M}) + J_v(\mathfrak{t})) \gg E(V,X,\delta)\tau^2 X/(\log X)^2.$$

因此,有

$$\left|\sum_{v\in\mathbb{E}(V,X,\delta)} J_v(\mathfrak{m})\right| \gg E(V,X,\delta)\tau^2 X/(\log X)^2. \qquad (2.7.1)$$

由 Cauchy-Schwarz 不等式得

$$\begin{aligned}&\left|\sum_{v\in \mathbb{E}(V,X,\delta)} J_v(\mathfrak{m})\right|\\ &\ll \left(\int_{-\infty}^{+\infty}\left|\sum_{v\in \mathbb{E}(V,X,\delta)} e(-v\alpha)\right|^2 K(\alpha)\mathrm{d}\alpha\right)^{1/2}\left(\int_{\mathfrak{m}} |F(\alpha)|^2 K(\alpha)\mathrm{d}\alpha\right)^{1/2}\\ &=\left(\sum_{v_1,v_2\in \mathbb{E}(V,X,\delta)}\int_{-\infty}^{+\infty} e((v_1-v_2)\alpha)K(\alpha)\mathrm{d}\alpha\right)^{1/2}\left(\int_{\mathfrak{m}} |F(\alpha)|^2 K(\alpha)\mathrm{d}\alpha\right)^{1/2}.\end{aligned} \tag{2.7.2}$$

由于 V 是一个具有良好间隔的序列，对 $\forall v_1, v_2 \in \mathbb{E}(V,X,\delta) \subset V$，如果 $v_1 \neq v_2$，那么存在绝对常数 c，使得 $|v_1 - v_2| > c$. 从而由引理 1.1 知

$$\int_{-\infty}^{+\infty} e((v_1-v_2)\alpha)K(\alpha)\mathrm{d}\alpha \ll \tau E(V,X,\delta). \tag{2.7.3}$$

由公式(2.7.1)～公式(2.7.3)知

$$E(V,X,\delta)\tau^2 X/(\log X)^2 \ll (\tau E(V,X,\delta))^{1/2}\left(\int_{\mathfrak{m}} |F(\alpha)|^2 K(\alpha)\mathrm{d}\alpha\right)^{1/2}.$$

因此利用引理 2.10，有

$$\begin{aligned}E(V,X,\delta) &\ll \tau^{-3}X^{-2}(\log X)^6\int_{\mathfrak{m}} |F(\alpha)|^2 K(\alpha)\mathrm{d}\alpha\\ &\ll X^{2g(\delta)-1+2\delta+\varepsilon}\\ &\ll X^{f(\delta)+\varepsilon}.\end{aligned}$$

这就完成了定理 2.1 的证明.

2.8 本章小结

本章利用筛法给出了实系数二元一次型在素数点取值的例外集的上界估计. 关于三元一次型的逼近问题，最近的结果由 Matomaki 在文献[63]中给出. 这里只陈述一下定理，具体的证明读者可以参考文献[63].

定理 2.2(Matomaki)　设 λ_1, λ_2 和 λ_3 为三个非零实数，且符号不全相同. λ_1/λ_2 为无理数. λ_0 为任意实数. 那么对 $\forall \varepsilon > 0$，不等式

$$|\lambda_1 p_1 + \lambda_2 p_2 + \lambda_3 p_3 + \lambda_0| < (\max p_j)^{-2/9+\varepsilon}$$

有无穷多组素数解 p_1, p_2, p_3.

此外，还可以考虑一些混合次幂的情形. 例如 $\lambda_1 p_1 + \lambda_2 p_2^k$ 的例外集问题；$\lambda_1 p_1 + \lambda_2 p_2 + \lambda_3 p_3^k$ 的逼近问题等，有兴趣的读者可以参考相关文献.

第3章　二次素变数丢番图逼近

1938年，华罗庚证明了著名的五个素数的平方和定理，即任意充分大的模24余5的自然数都可表示成五个素数的平方和. 之后，二次华林-哥德巴赫问题一直备受数论界的关注. 本章利用 Harman 在2004年关于二次素变数丢番图逼近的结果来研究相应的丢番图形式结果，主要结论基于作者与王天芹2018年发表的论文[30]. 本章将介绍 s 个素数的平方和一个素数的 k 次幂的结果，这里 $2 \leqslant s \leqslant 4, k \geqslant 2$. 本章中，记

$$s(k)=\left[\frac{k+1}{2}\right], \sigma(k)=\min\left(2^{s(k)-1}, \frac{1}{2}s(k)(s(k)+1)\right).$$

3.1 引　　言

自数论诞生以来，平方数问题一直备受数学家关注，比如勾股定理、拉格朗日四平方数定理以及高斯的二平方数定理等. 20世纪初期，随着解析数论特别是圆法的提出和进一步发展，平方数问题也得到了极大的发展和延伸. 例如华罗庚著名的五个素数的平方和定理. 后来，随着研究的不断深入，实系数丢番图不等式逼近问题逐渐成为数论的一个重要研究课题. 本章主要介绍借助圆法来研究二次素变数丢番图不等式问题.

设 $\lambda_1, \lambda_2, \cdots$ 为一组非零实数. 再设 V 是一个有良好间隔的正实数序列. X 为一个充分大的正数，$0<\tau<1, \delta>0$. 设集合 $E_1(V,X,\delta)$ 是集合 V 中使得不等式

$$|\lambda_1 p_1^2+\lambda_2 p_2^2+\lambda_3 p_3^2-v|<v^{-\delta}$$

无素数解的 $v \leqslant X$ 的个数. Cook 和 Fox 证明了

$$E_1(V,X,\delta) \ll X^{11/12+2\delta+\varepsilon}.$$

后来，Harman 把 11/12 改进为 7/8. 本章将研究更为一般的形式，即不等式

$$|\lambda_1 p_1^2+\lambda_2 p_2^2+\lambda_3 p_3^k-v|<v^{-\delta},$$

$$|\lambda_1 p_1^2+\lambda_2 p_2^2+\lambda_3 p_3^2+\lambda_4 p_4^2-v|<v^{-\delta}$$

和不等式

$$|\lambda_1 p_1^2 + \lambda_2 p_2^2 + \lambda_3 p_3^2 + \lambda_4 p_4^2 + \lambda_5 p_5^k + \bar{\omega}| < (\max p_j)^{-1/(8\sigma(k))+\varepsilon}.$$

这里主要用到 Davenport 和 Heilbronn 改进的圆法. 如果引入筛法，利用第 2 章类似的讨论可以得到更好的结果. 本书主要介绍素变数丢番图逼近不等式问题，不对筛法做过多的介绍，希望了解更多筛法知识的读者可以参考相关文献资料，例如 Harman 的著作 *Prime-Detecting Sieves*.

3.2 两个素数的平方和一个素数的 k 次幂

定理 3.1 设 $\lambda_1,\lambda_2,\lambda_3$ 为非零实数，且不全为负数，比值 λ_1/λ_2 是无理数和代数数. 再设 V 是一个有良好间隔的序列，$\delta>0$. 那么对任意 $\varepsilon>0$，有

$$E(V,X,\delta) \ll X^{1-1/(8\sigma(k))+2\delta+\varepsilon}.$$

定理 3.2 设 $\lambda_1,\lambda_2,\lambda_3$ 为非零实数，且不全为负数，比值 λ_1/λ_2 为无理数. 再设 V 是一个有良好间隔的序列，$\delta>0$. 那么对任意 $\varepsilon>0$，存在实数序列 $X_j \to +\infty$，使得

$$E(V,X_j,\delta) \ll X_j^{1-1/(8\sigma(k))+2\delta+\varepsilon}.$$

进一步，如果无理数 λ_1/λ_2 的有理逼近序列的分母 q_j 满足

$$q_{j+1}^{1-\omega} \ll q_j, \omega \in [0,1),$$

那么对任意 $X \geqslant 1, \varepsilon>0$，有

$$E(V,X,\delta) \ll X^{1-(1-\chi)/\sigma(k)+2\delta+\varepsilon},$$

这里

$$\chi = \max\left(\frac{5+1/\sigma(k)-3\omega}{6+1/\sigma(k)-4\omega}, \frac{7}{8}\right).$$

显然，由 Roth 定理知，当 λ_1/λ_2 是无理数和代数数时，在定理 3.2 中取 $\omega=\varepsilon$ 即得定理 3.1，所以这里只需证明定理 3.2 即可.

设 X 是一个待定的充分大的量. 再设 $0<\tau<1$（实际上，这里取 $\tau=X^{-\delta}$），$P=X^{1/2}, P_k=X^{1/k}$. 定义

$$S_j(\alpha) = \sum_{\eta X \leqslant p^j \leqslant X} (\log p) e(\alpha p^j);$$

$$I_j(\alpha) = \int_{(\eta X)^{1/j}}^{X^{1/j}} e(\alpha x^j)\,dx;$$

$$U_j(\alpha) = \sum_{\eta X \leqslant n^j \leqslant X} e(\alpha n^j).$$

由分部积分公式易知

$$|I_j(\alpha)| \ll X^{1/j}\min(1, X^{-1}|\alpha|^{-1}). \tag{3.2.1}$$

记

$$N_v = \frac{1}{\tau} \sum_{\eta X \leqslant p_1^2, p_2^2, p_3^k \leqslant X} \Big(\prod_{j=1}^{3} \log p_j\Big) A(\lambda_1 p_1^2 + \lambda_2 p_2^2 + \lambda_3 p_3^k - v).$$

由函数 $A(x)$ 的性质知

$$0 \leqslant N_v \leqslant (\log X)^3 \psi(v),$$

这里 $\psi(v)$ 表示素变数不等式

$$|\lambda_1 p_1^2 + \lambda_2 p_2^2 + \lambda_3 p_3^k - v| < \tau$$

解的个数.与上一章的讨论类似,也可以假设 v 满足 $X/2 \leqslant v \leqslant X$.那么由第 1 章函数 $A(\alpha)$ 和 $K(\alpha)$ 的性质知

$$N_v = \frac{1}{\tau} \int_{-\infty}^{+\infty} S_2(\lambda_1 \alpha) S_2(\lambda_2 \alpha) S_k(\lambda_3 \alpha) K(\alpha) e(-\alpha v) d\alpha. \quad (3.2.2)$$

所以定理 3.2 的证明就转化为式(3.2.2)中的积分式.为了估计积分,把实数集分成三部分:主区间 $\mathfrak{M}$、余区间 $\mathfrak{m}$ 和平凡区间 $\mathfrak{t}$,这里

$$\mathfrak{M} = \{\alpha: |\alpha| \leqslant \phi\}, \mathfrak{m} = \{\alpha: \phi < |\alpha| \leqslant \xi\}, \mathfrak{t} = \{\alpha: |\alpha| > \xi\},$$

其中 $\phi = X^{-3/4}, \xi = \tau^{-2} X^{1/2+2\varepsilon}$.

为了更好地估计在三个区间上的积分,需要一些必要的引理.

引理 3.1[38] 设 α 是实数,存在整数 a 和 $q \geqslant 1$ 满足

$$(a, q) = 1, |q\alpha - a| < q^{-1}.$$

对于任意实数 $\varepsilon > 0$,正整数 $k \geqslant 2$,有

$$\sum_{1 \leqslant p \leqslant N} (\log p) e(p^k \alpha) \ll N^{1+\varepsilon} \left(\frac{1}{q} + \frac{1}{N^{1/2}} + \frac{q}{N^k}\right)^{4^{1-k}}.$$

引理 3.2 设 $P \geqslant Z \geqslant P^{7/8+\varepsilon}$,$|S_2(\lambda_j \alpha)| \geqslant Z$.存在两个互素的整数 a 和 q 满足

$$1 \leqslant q \ll (P/Z)^4 P^{\varepsilon}, |q\lambda_j \alpha - a| \ll (P/Z)^4 P^{\varepsilon - 2}.$$

引理 3.3 如果 $k \geqslant 4, X^{-1+5/(6k)-\varepsilon} \leqslant |\alpha| \leqslant X^{-3/4}$,有

$$|S_k(\lambda_j \alpha)| \ll P_k^{1-4^{1-k}/2+\varepsilon}.$$

证明:在引理 3.1 中,取 $q = [|\lambda_j \alpha|^{-1}], a = 1$,即得.

引理 3.4 对任意 $\varepsilon > 0$,有

$$\int_{-1}^{1} |S_2(\lambda_j \alpha)|^4 d\alpha \ll X^{1+\varepsilon}, \int_{-\infty}^{+\infty} |S_2(\lambda_j \alpha)|^4 K(\alpha) d\alpha \ll \tau X^{1+\varepsilon}.$$

证明:第一个估计由引理 1.4(华罗庚引理)易得,第二个估计由第一个估计式和引理 1.1 即得.

设 $r \geqslant 1$,记

$$J_r(X, h) = \int_{X/2}^{X} (\theta((x+h)^{1/2}) - \theta(x^{1/2}) - ((x+h)^{1/2} - x^{1/2}))^2 dx,$$

这里函数 $\theta(x) = \sum_{1 \leqslant p \leqslant x} \log p$ 是经典的 Chebyshev 函数.

引理 3.5（Languasco、Zaccagnini）　设实数 $r \geqslant 1$，对任意 $0 < Y \leqslant 1/2$，有

$$\int_{-Y}^{Y} |S_r(\alpha) - U_r(\alpha)|^2 \mathrm{d}\alpha \ll \frac{X^{2/r-2}(\log X)}{Y} + Y^2 X + Y^2 J_r\left(X, \frac{1}{2Y}\right).$$

引理 3.6（Languasco、Zaccagnini）　设实数 $r \geqslant 1$，ε 为任意充分小的正常数. 存在常数 $c_1 = c_1(\varepsilon)$ 使得对 $X^{1-5/(6r)+\varepsilon} \leqslant h \leqslant X$，有

$$J_r(X,h) \ll h^2 X^{2/r-1} \exp\left(-c_1\left(\frac{\log X}{\log\log X}\right)^{1/3}\right).$$

由引理 3.5 和引理 3.6，得到下面的引理.

引理 3.7　设实数 $r \geqslant 1$，对任意固定实数 $A \geqslant 6$，有

$$\int_{|\alpha| \leqslant X^{-1+5/(6r)-\varepsilon}} |S_r(\lambda_j\alpha) - U_r(\lambda_j\alpha)|^2 \mathrm{d}\alpha \ll X^{2/r-1}(\log X)^{-A}.$$

3.3 主区间

首先来考虑经典的主区间 $\mathfrak{M}^* = \{\alpha: |\alpha| \leqslant \phi^* = X^{-1+5/(6k)-\varepsilon}\}$. 利用 Languasco 和 Zaccagnini 的想法，得下面的引理.

引理 3.8　有

$$\int_{\mathfrak{M}^*} S_2(\lambda_1\alpha)S_2(\lambda_2\alpha)S_k(\lambda_3\alpha)K(\alpha)\mathrm{e}(-\alpha v)\mathrm{d}\alpha \gg \tau^2 X^{1/k}.$$

证明：易知有下面等式，

$$\begin{aligned}
&\int_{\mathfrak{M}^*} S_2(\lambda_1\alpha)S_2(\lambda_2\alpha)S_k(\lambda_3\alpha)K(\alpha)\mathrm{e}(-\alpha v)\mathrm{d}\alpha \\
=&\int_{\mathfrak{M}^*} I_2(\lambda_1\alpha)I_2(\lambda_2\alpha)I_k(\lambda_3\alpha)K(\alpha)\mathrm{e}(-\alpha v)\mathrm{d}\alpha \\
&+\int_{\mathfrak{M}^*} (S_2(\lambda_1\alpha)-I_2(\lambda_1\alpha))I_2(\lambda_2\alpha)I_k(\lambda_3\alpha)K(\alpha)\mathrm{e}(-\alpha v)\mathrm{d}\alpha \\
&+\int_{\mathfrak{M}^*} S_2(\lambda_1\alpha)(S_2(\lambda_2\alpha)-I_2(\lambda_2\alpha))I_k(\lambda_3\alpha)K(\alpha)\mathrm{e}(-\alpha v)\mathrm{d}\alpha \\
&+\int_{\mathfrak{M}^*} S_2(\lambda_1\alpha)S_2(\lambda_2\alpha)(S_k(\lambda_3\alpha)-I_k(\lambda_3\alpha))K(\alpha)\mathrm{e}(-\alpha v)\mathrm{d}\alpha \\
=:&J_0+J_1+J_2+J_3.
\end{aligned}$$

因此，引理的证明就转化为对 $J_j(j=0,1,2,3)$ 的估计. 下面将分三个小节分别来估计 J_j. 从而得到引理的证明.

3.3.1 J_0 的下界

先把积分区间放大，注意到

$$J_0 = \int_{\mathbb{R}} I_2(\lambda_1\alpha) I_2(\lambda_2\alpha) I_k(\lambda_3\alpha) K(\alpha) e(-\alpha v) d\alpha + O\Big(\int_{|\alpha|>\phi^*} |I_2(\lambda_1\alpha) I_2(\lambda_2\alpha) I_k(\lambda_3\alpha)| K(\alpha) d\alpha\Big). \quad (3.3.1)$$

由公式(3.2.1)知,上面公式(3.3.1)中的误差项

$$\int_{|\alpha|>\phi^*} |I_2(\lambda_1\alpha) I_2(\lambda_2\alpha) I_k(\lambda_3\alpha)| K(\alpha) d\alpha \ll \tau^2 X^{1/k-2} \int_{|\alpha|>\phi^*} \frac{1}{|\alpha|^3} d\alpha \ll \tau^2 X^{1/k-2} (\phi^*)^{-2} \ll \tau^2 X^{1/k-5/(3k)+2\varepsilon} = o(\tau^2 X^{1/k}).$$

又由经典的讨论(参见第 2 章 2.4 节),有

$$\int_{\mathbb{R}} I_2(\lambda_1\alpha) I_2(\lambda_2\alpha) I_k(\lambda_3\alpha) K(\alpha) e(-\alpha v) d\alpha \gg \tau^2 X^{1/k}.$$

这就给出了 J_0 的下界,即 $J_0 \gg \tau^2 X^{1/k}$.

3.3.2 J_1 的上界

首先,由 Euler 求和公式知,

$$|I_2(\lambda_j\alpha) - U_2(\lambda_j\alpha)| \ll 1 + |\alpha| X, \quad |I_k(\lambda_j\alpha) - U_k(\lambda_j\alpha)| \ll 1 + |\alpha| X. \quad (3.3.2)$$

所以,有

$$J_1 \ll \tau^2 \int_{\mathfrak{M}^*} |S_2(\lambda_1\alpha) - I_2(\lambda_1\alpha)| |I_2(\lambda_2\alpha) I_k(\lambda_3\alpha)| d\alpha \leqslant \tau^2 \int_{\mathfrak{M}^*} |S_2(\lambda_1\alpha) - U_2(\lambda_1\alpha)| |I_2(\lambda_2\alpha) I_k(\lambda_3\alpha)| d\alpha + \tau^2 \int_{\mathfrak{M}^*} |U_2(\lambda_1\alpha) - I_2(\lambda_1\alpha)| |I_2(\lambda_2\alpha) I_k(\lambda_3\alpha)| d\alpha =: \tau^2 (A_1 + B_1).$$

接着,由 Cauchy-Schwarz 不等式和引理 3.7 以及公式(3.2.1)知,

$$A_1 \ll X^{1/k} \Big(\int_{\mathfrak{M}^*} |S_2(\lambda_1\alpha) - U_2(\lambda_1\alpha)|^2 d\alpha\Big)^{1/2} \Big(\int_{\mathfrak{M}^*} |I_2(\lambda_2\alpha)|^2 d\alpha\Big)^{1/2} \ll X^{1/k} (\log X)^{-A/2} \Big(\int_0^{1/X} X d\alpha + \int_{1/X}^{\phi^*} X^{-1}\alpha^{-2} d\alpha\Big)^{1/2} \ll X^{1/k} (\log X)^{-A/2}.$$

最后,由公式(3.2.1)和公式(3.3.2)知,

$$B_1 \ll \int_0^{1/X} |I_2(\lambda_2\alpha) I_k(\lambda_3\alpha)| d\alpha + X \int_{1/X}^{\phi^*} \alpha |I_2(\lambda_2\alpha) I_k(\lambda_3\alpha)| d\alpha \ll X^{1/k-1/2} + X \int_{1/X}^{\phi^*} \alpha (X^{1/k-3/2} \alpha^{-2}) d\alpha$$

$$\ll X^{1/k-1/2+\varepsilon}.$$

综上所述,得 $J_1 = o(\tau^2 X^{1/k})$.

3.3.3 J_2 和 J_3 的上界

J_2 和 J_3 的上界计算类似,这里仅计算 J_3 的上界. J_2 上界的计算留给有兴趣的读者自己证明. 首先来证明一个必要的引理.

引理 3.9 有

$$\int_{|\alpha|\leqslant X^{-2/3}} |S_2(\lambda_j\alpha)|^2 \mathrm{d}\alpha \ll 1.$$

证明:由公式(3.2.1)和公式(3.3.2)以及引理 3.7 知,

$$\begin{aligned}
&\int_{|\alpha|\leqslant X^{-2/3}} |S_2(\lambda_j\alpha)|^2 \mathrm{d}\alpha \\
\ll &\int_{|\alpha|\leqslant X^{-2/3}} |S_2(\lambda_j\alpha)-U_2(\lambda_j\alpha)|^2 \mathrm{d}\alpha \\
&+\int_{|\alpha|\leqslant X^{-2/3}} |U_2(\lambda_j\alpha)-I_2(\lambda_j\alpha)|^2 \mathrm{d}\alpha \\
&+\int_{|\alpha|\leqslant X^{-2/3}} |I_2(\lambda_j\alpha)|^2 \mathrm{d}\alpha \\
\ll &(\log X)^{-A}+\int_0^{X^{-2/3}} (1+\alpha X)^2 \mathrm{d}\alpha+\int_0^{1/X} X\mathrm{d}\alpha+\int_{1/X}^{X^{-2/3}} X^{-1} |\alpha|^{-2} \mathrm{d}\alpha \\
\ll &(\log X)^{-A}+1+X^{-1}(X-X^{2/3}) \ll 1.
\end{aligned}$$

从而引理得证.

现在来估计 J_3. 显然,有

$$\begin{aligned}
J_3 &\ll \tau^2\int_{\mathfrak{M}^*} |S_2(\lambda_1\alpha)S_2(\lambda_2\alpha)(S_k(\lambda_3\alpha)-I_k(\lambda_3\alpha))| \mathrm{d}\alpha \\
&\ll \tau^2\int_{\mathfrak{M}^*} |S_2(\lambda_1\alpha)S_2(\lambda_2\alpha)(S_k(\lambda_3\alpha)-U_k(\lambda_3\alpha))| \mathrm{d}\alpha \\
&\quad+\tau^2\int_{\mathfrak{M}^*} |S_2(\lambda_1\alpha)S_2(\lambda_2\alpha)(U_k(\lambda_3\alpha)-I_k(\lambda_3\alpha))| \mathrm{d}\alpha \\
&=:\tau^2(A_3+B_3).
\end{aligned}$$

由引理 3.4 和引理 3.7,得

$$\begin{aligned}
A_3 &\ll \left(\int_{-1}^{1} |S_2(\lambda_1\alpha)|^4 \mathrm{d}\alpha\right)^{1/4} \left(\int_{-1}^{1} |S_2(\lambda_2\alpha)|^4 \mathrm{d}\alpha\right)^{1/4} \\
&\quad\times\left(\int_{\mathfrak{M}^*} |U_k(\lambda_3\alpha)-I_k(\lambda_3\alpha)|^2 \mathrm{d}\alpha\right)^{1/2} \\
&\ll X^{1/2}(\log X)X^{1/k-1/2}(\log X)^{-A/2} \\
&\ll X^{1/k}(\log X)^{-2}.
\end{aligned}$$

由公式(3.3.2)和引理3.9知，

$$B_3 \ll (1+X\phi^*)\int_{\mathfrak{M}^*} |S_2(\lambda_1\alpha)S_2(\lambda_2\alpha)|\,\mathrm{d}\alpha$$
$$\ll X^{5/(6k)-\varepsilon}\prod_{j=1}^{2}\left(\int_{\mathfrak{M}^*}|S_2(\lambda_j\alpha)|^2\mathrm{d}\alpha\right)^{1/2}$$
$$\ll X^{5/(6k)-\varepsilon}.$$

综上所述，得 $J_3 = o(\tau^2 X^{1/k})$. 这就完成了引理3.8的证明.

下面进一步把主区间扩大为 $\mathfrak{M}$. 首先，当 $k=2,3$ 时，显然区间 $\mathfrak{M}^*\Leftrightarrow\mathfrak{M}$，那么由引理3.7知，

$$\int_{\mathfrak{M}} S_2(\lambda_1\alpha)S_2(\lambda_2\alpha)S_k(\lambda_3\alpha)K(\alpha)\mathrm{e}(-\alpha v)\mathrm{d}\alpha \gg \tau^2X^{1/k}. \qquad (3.3.3)$$

接着，当 $k\geqslant 4$ 时，需要进一步扩大经典的主区间.

引理3.10 当 $k\geqslant 4$ 时，有

$$\int_{\mathfrak{M}\setminus\mathfrak{M}^*}|S_2(\lambda_1\alpha)S_2(\lambda_2\alpha)S_k(\lambda_3\alpha)|K(\alpha)\mathrm{d}\alpha = o(\tau^2X^{1/k}).$$

证明：由引理3.3和引理3.9知，

$$\int_{\mathfrak{M}\setminus\mathfrak{M}^*}|S_2(\lambda_1\alpha)S_2(\lambda_2\alpha)S_k(\lambda_3\alpha)|K(\alpha)\mathrm{d}\alpha$$
$$\ll \tau^2P_k^{1-4^{1-k}/2+\varepsilon}\prod_{j=1}^{2}\left(\int_{\mathfrak{M}}|S_2(\lambda_j\alpha)|^2\mathrm{d}\alpha\right)^{1/2}$$
$$\ll \tau^2P^{1/k-4^{1-k}/(2k)+\varepsilon} = o(\tau^2X^{1/k}).$$

从而引理得证.

由引理3.8和引理3.10以及公式(3.3.3)，可得下面的引理.

引理3.11 当 $k\geqslant 2$ 时，有

$$\int_{\mathfrak{M}} S_2(\lambda_1\alpha)S_2(\lambda_2\alpha)S_k(\lambda_3\alpha)K(\alpha)\mathrm{e}(-\alpha v)\mathrm{d}\alpha \gg \tau^2X^{1/k}.$$

3.4 余区间

本节来考虑余区间 $\mathfrak{m}$ 上的积分. 首先，需要下面的两个引理.

引理3.12 当 $k\geqslant 2$ 时，有

$$\int_{-1}^{1}|S_k(\lambda_j\alpha)|^{2\sigma(k)}\mathrm{d}\alpha \ll P_k^{2\sigma(k)-s(k)+\varepsilon}.$$

证明：由引理1.4和引理1.5得.

引理3.13 有

$$\int_{-\infty}^{+\infty}|S_2(\lambda_1\alpha)|^2|S_k(\lambda_3\alpha)|^{2\sigma(k)}K(\alpha)\mathrm{d}\alpha \ll \tau X^{2\sigma(k)/k+\varepsilon}.$$

证明：由引理 1.1 知，

$$\int_{-\infty}^{+\infty} |S_2(\lambda_1\alpha)|^2 |S_k(\lambda_3\alpha)|^{2\sigma(k)} K(\alpha)\mathrm{d}\alpha$$

$$= \sum_{\substack{\eta X\leqslant p_j^k\leqslant X\\ j=1,\cdots,2\sigma(k)}} \sum_{\substack{\eta X\leqslant p_l^2\leqslant X\\ l=2\sigma(k)+1,2\sigma(k)+2}} \int_{-\infty}^{+\infty} \mathrm{e}(\alpha(\lambda_3(p_1^k+\cdots+p_{\sigma(k)}^k-p_{\sigma(k)+1}^k-\cdots-p_{2\sigma(k)}^k)$$

$$+\lambda_1(p_{2\sigma(k)+1}^2-p_{2\sigma(k)+2}^2)))K(\alpha)\mathrm{d}\alpha$$

$$\ll \tau N^*(P).$$

这里 $N^*(P)$ 表示素变数不等式

$$|\lambda_3(p_1^k+\cdots+p_{\sigma(k)}^k-p_{\sigma(k)+1}^k-\cdots-p_{2\sigma(k)}^k)+\lambda_1(p_{2\sigma(k)+1}^2-p_{2\sigma(k)+2}^2)|<\tau$$

的解数，素变数满足 $\eta X\leqslant p_j^k\leqslant X, j=1,\cdots,2\sigma(k)$；$\eta X\leqslant p_l^2\leqslant X, l=2\sigma(k)+1, 2\sigma(k)+2$.

下面来估计 $N^*(P)$. 由上面的不等式知，若 $p_{2\sigma(k)+1}=p_{2\sigma(k)+2}$，则必有

$$p_1^k+\cdots+p_{\sigma(k)}^k=p_{\sigma(k)+1}^k+\cdots+p_{2\sigma(k)}^k.$$

由引理 3.12 知，$p_{2\sigma(k)+1}=p_{2\sigma(k)+2}$ 这种情况对解数 $N^*(P)$ 的贡献不会超过

$$P\int_{-1}^{1} |S_k(\lambda_3\alpha)|^{2\sigma(k)}\mathrm{d}\alpha \ll PP_k^{2\sigma(k)-s(k)+\varepsilon} \ll X^{2\sigma(k)/k+\varepsilon}.$$

又对固定的 $p_1, p_2, \cdots, p_{2\sigma(k)}$，若

$$p_1^k+\cdots+p_{\sigma(k)}^k\neq p_{\sigma(k)+1}^k+\cdots+p_{2\sigma(k)}^k,$$

最多存在一个整数 $n\ll P^2$，使得不等式

$$|\lambda_3(p_1^k+\cdots+p_{\sigma(k)}^k-p_{\sigma(k)+1}^k-\cdots-p_{2\sigma(k)}^k)+\lambda_1 n|<\tau$$

成立. 因此，$p_{2\sigma(k)+1}$ 和 $p_{2\sigma(k)+2}$ 最多有 $O(\mathrm{d}(n))$ 个取法. 这里 $\mathrm{d}(n)$ 是除数函数. 由除数函数经典的上界知，$\mathrm{d}(n)\ll P^\varepsilon$. 从而可知，$p_{2\sigma(k)+1}\neq p_{2\sigma(k)+2}$ 这种情况对解数 $N^*(P)$ 的贡献最多不超过

$$P_k^{2\sigma(k)/k}P^\varepsilon \ll X^{2\sigma(k)/k+\varepsilon}.$$

总之，有 $N^*(P)\ll X^{2\sigma(k)/k+\varepsilon}$. 从而引理得证.

下面来考虑余区间上的积分. 这时取 $\rho=7/8$. 设 $\mathfrak{m}'=\mathfrak{m}_1\cup\mathfrak{m}_2$，$\hat{\mathfrak{m}}=\mathfrak{m}\backslash\mathfrak{m}'$，这里

$$\mathfrak{m}_1=\{\alpha\in\mathfrak{m}: |S_2(\lambda_1\alpha)|\leqslant X^{\rho+2\varepsilon}\},$$
$$\mathfrak{m}_2=\{\alpha\in\mathfrak{m}: |S_2(\lambda_2\alpha)|\leqslant X^{\rho+2\varepsilon}\}.$$

因此有下面的引理.

引理 3.14　有

$$\int_{\mathfrak{m}'} |S_2(\lambda_1\alpha)S_2(\lambda_2\alpha)S_k(\lambda_3\alpha)|^2 K(\alpha)\mathrm{d}\alpha \ll \tau X^{1+2/k-(1-\rho)/\sigma(k)+\varepsilon}.$$

证明：由 $\mathfrak{m}'$ 的定义，只需考虑 $\mathfrak{m}_1$ 上的积分即可，$\mathfrak{m}_2$ 上的积分可以类似地证明. 由引理 3.4 和引理 3.13 知，有

$$\int_{\mathfrak{m}_1} |S_2(\lambda_1\alpha)S_2(\lambda_2\alpha)S_k(\lambda_3\alpha)|^2 K(\alpha)\mathrm{d}\alpha$$
$$\ll P^{2(\rho+\varepsilon)/\sigma(k)}\left(\int_{-\infty}^{+\infty} |S_2(\lambda_1\alpha)|^4 K(\alpha)\mathrm{d}\alpha\right)^{1/2-1/\sigma(k)}\left(\int_{-\infty}^{+\infty} |S_2(\lambda_2\alpha)|^4 K(\alpha)\mathrm{d}\alpha\right)^{1/2}$$
$$\times\left(\int_{-\infty}^{+\infty} |S_2(\lambda_1\alpha)|^2 |S_k(\lambda_3\alpha)|^{2\sigma(k)} K(\alpha)\mathrm{d}\alpha\right)^{1/\sigma(k)}$$
$$\ll \tau X^{1+2/k-(1-\rho)/\sigma(k)+\varepsilon}.$$

从而引理得证.

引理 3.15 有

$$\int_{\hat{\mathfrak{m}}} |S_2(\lambda_1\alpha)S_2(\lambda_2\alpha)S_k(\lambda_3\alpha)|^2 K(\alpha)\mathrm{d}\alpha \ll \tau X^{3/4+2/k+\varepsilon}.$$

证明:把区间 $\hat{\mathfrak{m}}$ 分成一些互不相交子集合 $S(Z_1,Z_2,y)$，这里集合 $S(Z_1,Z_2,y)=\{\alpha\in\hat{\mathfrak{m}}: Z_j\leqslant |S_j(\lambda_1\alpha)|<2Z_j, j=1,2; y\leqslant|\alpha|<2y\}$，其中 $Z_1=P^{\rho+\varepsilon}2^{t_1}, Z_2=P^{\rho+\varepsilon}2^{t_2}, y=\phi 2^s, t_1,t_2,s$ 为正整数. 那么由引理 3.2 知，存在两对互素的整数 (a_1,q_1) 和 (a_2,q_2)，满足 $a_1a_2\neq 0$ 和

$$1\leqslant q_j\ll (P/Z_j)^4P^{\varepsilon},\ |q_j\lambda_j\alpha-a_j|\ll (P/Z_j)^4P^{\varepsilon-2}, j=1,2.$$

对于任意 $\alpha\in S(Z_1,Z_2,y)$，都有

$$\left|\frac{a_j}{\alpha}\right|\ll q_j+(P/Z_j)^4P^{\varepsilon-2}y^{-1}\ll q_j+P^{-3\varepsilon}\ll q_j, j=1,2.$$

根据 q_j 的大小，进一步把集合 $S(Z_1,Z_2,y)$ 分为子集合 $S(Z_1,Z_2,y,Q_1,Q_2)$，这里 $Q_j\leqslant q_j<2Q_j$. 那么有

$$\begin{aligned}\left|a_2q_1\frac{\lambda_1}{\lambda_2}-a_1q_2\right| &= \left|\frac{a_2(q_1\lambda_1\alpha-a_1)+a_1(a_2-q_2\lambda_2\alpha)}{\lambda_2\alpha}\right|\\ &\ll Q_2(P/Z_1)^4P^{\varepsilon-2}+Q_1(P/Z_2)^4P^{\varepsilon-2}\\ &\ll (P/Z_1)^4(P/Z_2)^4P^{\varepsilon-2}\\ &\ll P^{6-8\rho-7\varepsilon}\ll P^{-1-7\varepsilon}.\end{aligned}\tag{3.4.1}$$

并且还有

$$|a_2q_1|\ll P^{2\varepsilon}yQ_1Q_2.$$

设 $|a_2q_1|$ 最多可以取 R 个不同的值. 取 $X=P^2=q^2$，这里 a/q 是无理数 λ_1/λ_2 的有理逼近. 那么类似于第 2 章的讨论，由引理 1.4 和鸽巢原理知，

$$R\ll\frac{P^{2\varepsilon}yQ_1Q_2}{q}.$$

又，每个 $|a_2q_1|$ 的值最多对应不超过 P^{ε} 对 a_2,q_1，从而可知，$S(Z_1,Z_2,y,Q_1,Q_2)$ 由最多由 RP^{ε} 个长度不超过

$$\min(Q_1^{-1}(P/Z_1)^4P^{\varepsilon-2},Q_2^{-1}(P/Z_2)^4P^{\varepsilon-2})\ll\frac{P^{2+\varepsilon}}{Z_1^2Z_2^2Q_1^{1/2}Q_2^{1/2}}$$

的集合构成. 所以集合 $S(Z_1,Z_2,y,Q_1,Q_2)$ 的测度

$$\mu(S(Z_1,Z_2,y,Q_1,Q_2))\ll\frac{yP^{2+4\varepsilon}Q_1^{1/2}Q_2^{1/2}}{qZ_1^2Z_2^2}.$$

那么，在集合 $S(Z_1,Z_2,y,Q_1,Q_2)$ 上的积分为

$$\begin{aligned}&\int|S_2(\lambda_1\alpha)S_2(\lambda_2\alpha)S_k(\lambda_3\alpha)|^2K(\alpha)\mathrm{d}\alpha\\&\ll\min(\tau^2,y^{-2})Z_1^2Z_2^2X^{2/k}\frac{yP^{2+4\varepsilon}Q_1^{1/2}Q_2^{1/2}}{qZ_1^2Z_2^2}\\&\ll\tau\frac{X^{3-2\rho+2/k+\varepsilon}}{q}\ll\tau X^{3/4+2/k+\varepsilon}.\end{aligned}\tag{3.4.2}$$

对 Z_1,Z_2,y,Q_1,Q_2 所有可能的情况求和即得，

$$\int_{\hat{\mathfrak{m}}}|S_2(\lambda_1\alpha)S_2(\lambda_2\alpha)S_k(\lambda_3\alpha)|^2K(\alpha)\mathrm{d}\alpha\ll\tau X^{3/4+2/k+6\varepsilon}.$$

从而引理得证.

由引理 3.14 和引理 3.15，可得下面的引理.

引理 3.16　有

$$\int_{\mathfrak{m}}|S_2(\lambda_1\alpha)S_2(\lambda_2\alpha)S_k(\lambda_3\alpha)|^2K(\alpha)\mathrm{d}\alpha\ll\tau X^{1+2/k-(1-\rho)/\sigma(k)+\varepsilon}.$$

3.5　定理 3.2 的证明

先来考虑平凡区间上的积分.

引理 3.17　有

$$\int_{\mathfrak{t}}|S_2(\lambda_1\alpha)S_2(\lambda_2\alpha)S_k(\lambda_3\alpha)|K(\alpha)\mathrm{d}\alpha\ll\tau^2X^{1/k-\varepsilon}.$$

证明：由 Cauchy-Schwarz 不等式以及 $S_k(\lambda_3\alpha)$ 的平凡上界知

$$\begin{aligned}&\int_{\mathfrak{t}}|S_2(\lambda_1\alpha)S_2(\lambda_2\alpha)S_k(\lambda_3\alpha)|K(\alpha)\mathrm{d}\alpha\\&\ll X^{1/k}\left(\int_{\xi}^{+\infty}|S_2(\lambda_1\alpha)|^2K(\alpha)\mathrm{d}\alpha\right)^{1/2}\left(\int_{\xi}^{+\infty}|S_2(\lambda_2\alpha)|^2K(\alpha)\mathrm{d}\alpha\right)^{1/2}\\&\ll X^{1/k}\left(\sum_{n=[\xi]}^{\infty}\int_n^{n+1}|S_2(\lambda_1\alpha)|^2\frac{1}{\alpha^2}\mathrm{d}\alpha\right)^{1/2}\left(\sum_{n=[\xi]}^{\infty}\int_n^{n+1}|S_2(\lambda_2\alpha)|^2\frac{1}{\alpha^2}\mathrm{d}\alpha\right)^{1/2}\\&\ll X^{1/k}\left(\sum_{n=[\xi]}^{\infty}\frac{1}{n^2}\right)\left(\int_0^1|S_2(\lambda_1\alpha)|^2\mathrm{d}\alpha\right)^{1/2}\left(\int_0^1|S_2(\lambda_2\alpha)|^2\mathrm{d}\alpha\right)^{1/2}\\&\ll\xi^{-1}X^{1/k+1/2+\varepsilon}\\&\ll\tau^2X^{1/k-\varepsilon}.\end{aligned}\tag{3.5.1}$$

从而引理得证.

下面来证明定理 3.2. 首先，证明定理的前半部分 . 取 $\tau=X^{-\delta}$. 集合是

集合 V 中使得素变数不等式

$$|\lambda_1 p_1^2+\lambda_2 p_2^2+\lambda_3 p_3^k-v|<\tau$$

无解的 $1\leqslant v\leqslant X$ 构成的集合. 显然,有 $E=E(V,X,\delta)=|\mathcal{E}(V,X,\delta)|$. 由公式(3.2.2)和引理 3.11、引理 3.17 知,

$$\left|\sum_{v\in\mathcal{E}}\int_{\mathrm{m}} S_2(\lambda_1\alpha)S_2(\lambda_2\alpha)S_k(\lambda_3\alpha)K(\alpha)\mathrm{e}(-v\alpha)\mathrm{d}\alpha\right|\gg\tau^2X^{1/k}E.$$

由 Cauchy-Schwarz 不等式和引理 3.16 知,

$$\left|\sum_{v\in\mathcal{E}}\int_{\mathrm{m}} S_2(\lambda_1\alpha)S_2(\lambda_2\alpha)S_k(\lambda_3\alpha)K(\alpha)\mathrm{e}(-v\alpha)\mathrm{d}\alpha\right|$$
$$\ll\left(\int_{-\infty}^{+\infty}\left|\sum_{v\in\mathcal{E}}\mathrm{e}(-v\alpha)\right|^2K(\alpha)\mathrm{d}\alpha\right)^{1/2}\left(\int_{\mathrm{m}}|S_2(\lambda_1\alpha)S_2(\lambda_2\alpha)S_k(\lambda_3\alpha)|^2K(\alpha)\mathrm{d}\alpha\right)^{1/2}$$
$$\ll(\tau X^{1+2/k-(1-\rho)/\sigma(k)+\varepsilon})^{1/2}\left(\sum_{v_1,v_2\in\mathcal{E}}\max(0,\tau-|v_1-v_2|)\right)^{1/2}$$
$$\ll\tau E^{1/2}(\tau X^{1+2/k-(1-\rho)/\sigma(k)+\varepsilon})^{1/2}.$$

综上所述,得

$$E=E(V,X,\delta)\ll X^{1-(1-\rho)/\sigma(k)+2\delta+\varepsilon}\ll X^{1-1/(8\sigma(k))+2\delta+\varepsilon}.$$

注意,在引理 3.15 中取 $X=q^2$,其中 a/q 为无理数 λ_1/λ_2 的有理逼近. 显然存在一个无穷序列 $q_j\rightarrow\infty$,这就给出了一个无穷序列 $X_j\rightarrow\infty$,使得

$$E(V,X_j,\delta)\ll X_j^{1-1/(8\sigma(k))+2\delta+\varepsilon}.$$

这就完成了定理 3.2 第一部分的证明.

现在来证明定理的第二部分. 此时无理数 λ_1/λ_2 的有理逼近序列的分母 q_j 满足关系式

$$q_{j+1}^{1-\omega}\ll q_j,\omega\in[0,1).\tag{3.5.2}$$

只要重复引理 3.14 和引理 3.15 的证明过程,并替换 ρ 为 χ 即可,这里 χ 由定理 3.2 给出. 注意此时不再取 $X=q^2$. 即在引理 3.15 中假设

$$\min(Z_1,Z_2)>P^{\chi+\varepsilon},$$

此时(3.4.1)式变为

$$\left|a_2q_1\frac{\lambda_1}{\lambda_2}-a_1q_2\right|\ll P^{6-8\chi-7\varepsilon}.$$

然而,无理数 λ_1/λ_2 的有理逼近条件(3.5.2)知,对于任意充分大的 P,一定存在无理数 λ_1/λ_2 的一个有理逼近 a/q,使得

$$P^{(1-\omega)(8\chi-6)}\ll q\ll P^{(8\chi-6)}.$$

此时积分估计(3.4.2)对应变为

$$\int|S_2(\lambda_1\alpha)S_2(\lambda_2\alpha)S_k(\lambda_3\alpha)|^2K(\alpha)\mathrm{d}\alpha$$

$$\ll \tau \frac{X^{3-2\chi+2/k+\varepsilon}}{q} \ll \tau X^{3-2\chi+2/k-(1-\omega)(4\chi-3)+\varepsilon}$$
$$\ll \tau X^{1+2/k-(1-\chi)/\sigma(k)+\varepsilon}.$$

因此,有

$$\int_{\mathfrak{m}} |S_2(\lambda_1\alpha)S_2(\lambda_2\alpha)S_k(\lambda_3\alpha)|^2 K(\alpha)\mathrm{d}\alpha \ll \tau X^{1+2/k-(1-\chi)/\sigma(k)+\varepsilon}.$$

那么后面重复定理 3.2 第一部分的证明过程,即得定理 3.2 的第二部分. 这就完成了定理 3.2 的证明.

3.6 四个素数的平方

1938 年,华罗庚证明了几乎所有充分大的模 24 余 4 的正整数均可表示成 4 个素数的平方和. 2010 年,Harman 和 Kumchev 把例外集 $E(X)$ 结果改进为

$$E(X) \ll X^{7/20+\varepsilon}.$$

2016 年,Kumchev 和赵立璐把 7/20 改进为 11/32.

2011 年,孙海伟考虑了相应的实系数逼近不等式问题. 设 $\lambda_1,\lambda_2,\lambda_3,\lambda_4$ 是非零实数,不全为负. V 是一个有良好间隔的正实数序列. 记 $V(X)$ 为 V 中不超过 X 的实数做成的集合. 定义 $E_1(V,X,\delta)$ 和 $E_2(V,X,\delta)$ 分别表示 $V(X)$ 中使得素变数丢番图逼近不等式

$$|\lambda_1 p_1 + \lambda_2 p_2^2 + \lambda_3 p_3^2 - v| < v^{-\delta}$$

和素变数丢番图逼近不等式

$$|\lambda_1 p_1^2 + \lambda_2 p_2^2 + \lambda_3 p_3^2 + \lambda_4 p_4^2 - v| < v^{-\delta}$$

无解的 v 的个数.

孙海伟证明了,对任意 $\varepsilon > 0$,

$$E_1(V,X,\delta) \ll X^{3/4+4\delta+\varepsilon}, E_2(V,X,\delta) \ll X^{3/4+4\delta+\varepsilon}.$$

本节将介绍利用 Kumchev 处理余区间的思路,可以得到下面的几个定理.

定理 3.3 设 $\lambda_1,\lambda_2,\lambda_3$ 是非零实数,不全为负,比值 λ_1/λ_2 为无理数和代数数. 再设 V 是一个有良好间隔的正实数序列,$0<\delta<1/16$. 那么对于任意 $\varepsilon>0$,有

$$E_1(V,X,\delta) \ll X^{3/8+2\delta+\varepsilon}.$$

定理 3.4 设 $\lambda_1,\lambda_2,\lambda_3$ 是非零实数,不全为负,比值 λ_1/λ_2 为无理数和代数数. 再设 V 是一个有良好间隔的正实数序列,$0<\delta<1/16$. 那么对于任

意 $\varepsilon>0$，存在一个无穷序列 $X_j\to\infty$，使得

$$E_1(V,X_j,\delta)\ll X_j^{3/8+2\delta+\varepsilon}.$$

进一步，如果无理数 λ_1/λ_2 的有理逼近序列的分母 q_j 满足

$$q_{j+1}^{1-\omega}\ll q_j,\omega\in[0,1),$$

对任意 $X\geqslant 1,\varepsilon>0$，有

$$E_1(V,X,\delta)\ll X^{\chi-1/2+2\delta+\varepsilon},$$

这里

$$\chi=\max\left(\frac{5-3\omega}{6-4\omega},\frac{7}{8}\right),0<\delta<\frac{1}{2}(1-\chi).$$

定理 3.5 设 $\lambda_1,\lambda_2,\lambda_3,\lambda_4$ 是非零实数，不全为负，比值 λ_1/λ_2 为无理数和代数数. 再设 V 是一个有良好间隔的正实数序列，$0<\delta<1/16$. 那么对于任意 $\varepsilon>0$，有

$$E_2(V,X,\delta)\ll X^{3/8+2\delta+\varepsilon}.$$

定理 3.6 设 $\lambda_1,\lambda_2,\lambda_3,\lambda_4$ 是非零实数，不全为负，比值 λ_1/λ_2 为无理数和代数数. 再设 V 是一个有良好间隔的正实数序列，$0<\delta<1/16$. 那么对于任意 $\varepsilon>0$，存在一个无穷序列 $X_j\to\infty$，使得

$$E_2(V,X_j,\delta)\ll X_j^{3/8+2\delta+\varepsilon}.$$

进一步，如果无理数 λ_1/λ_2 的有理逼近序列的分母 q_j 满足

$$q_{j+1}^{1-\omega}\ll q_j,\omega\in[0,1),$$

对任意 $X\geqslant 1,\varepsilon>0$，有

$$E_2(V,X,\delta)\ll X^{\chi-1/2+2\delta+\varepsilon},$$

这里

$$\chi=\max\left(\frac{5-3\omega}{6-4\omega},\frac{7}{8}\right),0<\delta<\frac{1}{2}(1-\chi).$$

这里可以考虑把其中一个平方改成 k 次幂的更为一般的情形，留给读者自行证明. 由于定理 3.3、定理 3.4 与定理 3.5、定理 3.6 的证明类似，这里只证明定理 3.5 和定理 3.6. 又由 Roth 定理知，定理 3.6 中 $\omega=\varepsilon$ 即得定理 3.5，所以只需证明定理 3.6 即可. 证明的思路与前面几节类似，这里只给出证明的基本框架，具体的细节请有兴趣的读者自己添加. 下面给出证明的大体思路.

首先，定义

$$N_1(v)=\frac{1}{\tau}\sum_{\eta X\leqslant p_1^2,p_2^2,p_3^2,p_4^2\leqslant X}\left(\prod_{j=1}^{4}\log p_j\right)\times A(\lambda_1p_1^2+\lambda_2p_2^2+\lambda_3p_3^2+\lambda_4p_4^2-v),$$

显然有 $0\leqslant N_1(v)\leqslant(\log X)^4\psi_1(v)$，其中 $\psi_1(v)$ 表示素变数不等式

$$|\lambda_1 p_1^2+\lambda_2 p_2^2+\lambda_3 p_3^2+\lambda_4 p_4^2-v|<\tau$$

解的个数. 由引理 1.1,考虑 $N_1(v)$ 的积分表达式

$$N_1(v)=\frac{1}{\tau}\int_{-\infty}^{+\infty} S_2(\lambda_1\alpha)S_2(\lambda_2\alpha)S_2(\lambda_3\alpha)S_2(\lambda_4\alpha)K(\alpha)e(-v\alpha)d\alpha.$$

同样,为了估计上面的积分,把实数集分成三部分:主区间 $\mathfrak{M}$、余区间 $\mathfrak{m}$ 和平凡区间 $\mathfrak{t}$, 这里

$$\mathfrak{M}=\{\alpha:|\alpha|\leqslant\phi\},\mathfrak{m}=\{\alpha:\phi<|\alpha|\leqslant\xi\},\mathfrak{t}=\{\alpha:|\alpha|>\xi\},$$

其中 $\phi=X^{-3/4},\xi=\tau^{-2}X^{1/2+2\varepsilon}$.

接着,与 3.3 节和 3.5 节计算主区间与平凡区间上的积分类似,有下面的结论,

$$\int_{\mathfrak{M}} S_2(\lambda_1\alpha)S_2(\lambda_2\alpha)S_2(\lambda_3\alpha)S_2(\lambda_4\alpha)K(\alpha)e(-v\alpha)d\alpha\gg\tau^2X \quad (3.6.1)$$

和

$$\int_{\mathfrak{t}} |S_2(\lambda_1\alpha)S_2(\lambda_2\alpha)S_2(\lambda_3\alpha)S_2(\lambda_4\alpha)|K(\alpha)d\alpha=o(\tau^2X). \quad (3.6.2)$$

最后来估计余区间上的积分. 取 $\tau=X^{-\delta}$. $\mathcal{E}_2=\mathcal{E}_2(V,X,\delta)$ 是集合 V 中使得素变数不等式

$$|\lambda_1 p_1^2+\lambda_2 p_2^2+\lambda_3 p_3^2+\lambda_4 p_4^2-v|<\tau$$

无解的 v 构成的集合. 显然有

$$E_2(V,X,\delta)=|\mathcal{E}_2(V,X,\delta)|.$$

选取合适的复数 ϑ_v, $|\vartheta_v|=1$, 且使得

$$\left|\int_{\mathfrak{m}} S_2(\lambda_1\alpha)S_2(\lambda_2\alpha)S_2(\lambda_3\alpha)S_2(\lambda_4\alpha)K(\alpha)e(-v\alpha)d\alpha\right|$$
$$=\vartheta_v\int_{\mathfrak{m}} S_2(\lambda_1\alpha)S_2(\lambda_2\alpha)S_2(\lambda_3\alpha)S_2(\lambda_4\alpha)K(\alpha)e(-v\alpha)d\alpha. \quad (3.6.3)$$

由公式(3.6.1)和公式(3.6.2)知

$$\begin{aligned}
&E_2(V,X,\delta)\tau^2X\\
&\ll\sum_{v\in\mathcal{E}_2}\left|\int_{\mathfrak{m}} S_2(\lambda_1\alpha)S_2(\lambda_2\alpha)S_2(\lambda_3\alpha)S_2(\lambda_4\alpha)K(\alpha)e(-v\alpha)d\alpha\right|\\
&=\sum_{v\in\mathcal{E}_2}\vartheta_v\int_{\mathfrak{m}} S_2(\lambda_1\alpha)S_2(\lambda_2\alpha)S_2(\lambda_3\alpha)S_2(\lambda_4\alpha)K(\alpha)e(-v\alpha)d\alpha\\
&=\int_{\mathfrak{m}} S_2(\lambda_1\alpha)S_2(\lambda_2\alpha)S_2(\lambda_3\alpha)S_2(\lambda_4\alpha)T(\alpha)K(\alpha)d\alpha.
\end{aligned}$$

这里

$$T(\alpha)=\sum_{v\in\mathcal{E}_2}\vartheta_v e(-v\alpha).$$

由 Cauchy-Schwarz 不等式得

$$E_2(V,X,\delta)\tau^2 X \ll \left(\int_{\mathfrak{m}} |S_2(\lambda_4\alpha)T(\alpha)|^2 K(\alpha)\mathrm{d}\alpha\right)^{1/2}$$
$$\times\left(\int_{\mathfrak{m}} |S_2(\lambda_1\alpha)S_2(\lambda_2\alpha)S_2(\lambda_3\alpha)|^2 K(\alpha)\mathrm{d}\alpha\right)^{1/2}. \tag{3.6.4}$$

引理 3.18 有

$$\int_{-\infty}^{+\infty} |S_2(\lambda_4\alpha)T(\alpha)|^2 K(\alpha)\mathrm{d}\alpha \ll \tau(E_2(V,X,\delta)X^{1/2+\varepsilon} + (E_2(V,X,\delta))^2 X^{\varepsilon}).$$

证明:由公式(3.6.3)知,

$$\int_{-\infty}^{+\infty} |S_2(\lambda_4\alpha)T(\alpha)|^2 K(\alpha)\mathrm{d}\alpha$$
$$= \sum_{v_1,v_2\in\mathcal{E}_2}\vartheta_{v_1}\vartheta_{v_2}\sum_{\eta X\leqslant p_1^2,p_2^2\leqslant X}(\log p_1)(\log p_2)A(\lambda_4(p_1^2-p_2^2)-(v_1-v_2))$$
$$\ll (\log X)^2 N(X).$$

这里 $N(X)$ 表示关于 $v_1,v_2\in\mathcal{E}_2,\eta X\leqslant p_1^2,p_2^2\leqslant X$ 不等式

$$|\lambda_4(p_1^2-p_2^2)-(v_1-v_2)|<\tau$$

的解的个数.

下面来考虑上面不等式的解. 首先,由于 X 充分大,$\tau = X^{-\delta}$,所以当 $v_1=v_2$ 时,由上面的不等式知,必有 $p_1=p_2$. $v_1=v_2$ 这种情况对解数的贡献不会超过 $\tau E_2(V,X,\delta)X^{1/2}$. 接着,对固定的 $v_1,v_2,v_1\neq v_2$,最多存在一个整数 $n\ll X$,使得

$$|\lambda_4 n-(v_1-v_2)|<\tau$$

成立. 又由于对每一个整数 n,方程 $n=p_1^2-p_2^2$ 的解数不超过 $\mathrm{d}(n)\ll X^{\varepsilon}$. 从而可知,$v_1\neq v_2$ 这种情况对解数的贡献不会超过 $\tau(E_2(V,X,\delta))^2X^{\varepsilon}$. 综上所述,得

$$N(X)\ll\tau(E_2(V,X,\delta)X^{1/2}+(E_2(V,X,\delta))^2X^{\varepsilon}).$$

从而引理得证.

下面来证明定理 3.6. 首先证明定理 3.6 的第一部分,这时取 $\rho=7/8$. 由公式(3.6.4)和引理 3.16、引理 3.18 知,

$$E_2(V,X,\delta)\tau^2X$$
$$\ll(\tau(E_2(V,X,\delta)X^{1/2+\varepsilon}+(E_2(V,X,\delta))^2X^{\varepsilon}))^{1/2}(\tau X^{15/8+\varepsilon})^{1/2}$$
$$\ll\tau(E_2(V,X,\delta))^{1/2}X^{19/16+\varepsilon}+\tau E_2(V,X,\delta)X^{15/16+\varepsilon}.$$

又由于 $0<\delta<1/16$,有 $\tau X^{15/16+\varepsilon}=o(\tau^2X)$. 必有

$$E_2(V,X,\delta)\tau^2X\ll\tau(E_2(V,X,\delta))^{1/2}X^{19/16+\varepsilon},$$

从而得

$$E_2(V,X,\delta)\ll\tau^{-2}X^{3/8+2\varepsilon}\ll X^{3/8+2\delta+2\varepsilon}.$$

注意到 $X = q^2$，其中 a/q 为无理数 λ_1/λ_2 的有理逼近. 显然存在一个无穷序列 $q_j \to \infty$，这就给出了一个无穷序列 $X_j \to \infty$，使得

$$E_2(V, X_j, \delta) \ll X_j^{3/8+2\delta+2\varepsilon}.$$

这就完成了定理 3.6 第一部分的证明.

下面来证明定理的第二部分. 先要给出积分

$$\int_{\mathfrak{m}} |S_2(\lambda_1\alpha)S_2(\lambda_2\alpha)S_2(\lambda_3\alpha)|^2 K(\alpha)\mathrm{d}\alpha$$

的上界估计. 这里只要重复引理 3.14 和引理 3.15 的证明过程，这时替换 ρ 为 χ 即可，对于任意充分大的 $X = P^2$，取

$$P^{(1-\omega)(8\chi-6)} \ll q \ll P^{(8\chi-6)}.$$

从而得

$$\int_{\mathfrak{m}} |S_2(\lambda_1\alpha)S_2(\lambda_2\alpha)S_2(\lambda_3\alpha)|^2 K(\alpha)\mathrm{d}\alpha \ll \tau X^{1+\chi+\varepsilon}, \qquad (3.6.5)$$

这里 χ 由定理 3.6 中给出. 由公式(3.6.4)、公式(3.6.5)和引理 3.18 知，

$$E_2(V, X, \delta)\tau^2 X$$
$$\ll \tau(E_2(V, X, \delta))^{1/2} X^{3/4+\chi/2+\varepsilon} + \tau E_2(V, X, \delta) X^{1/2+\chi/2+\varepsilon}.$$

又由于定理的条件 $0 < \delta < \frac{1}{2}(1-\chi)$，所以有 $\tau X^{1/2+\chi/2+\varepsilon} = o(\tau^2 X)$. 从而必有

$$E_2(V, X, \delta) \ll \tau^{-2} X^{-1/2+\chi+2\varepsilon} \ll X^{-1/2+\chi+2\delta+2\varepsilon}.$$

这就完成了定理 3.6 第二部分的证明.

3.7　四个素数的平方和一个素数的 k 次幂

1938 年，华罗庚首先研究了素变数丢番图方程

$$N = p_1^2 + p_2^2 + p_3^2 + p_4^2 + p_5^k$$

的可解性问题. 证明了对满足必要同余条件的充分大的 N，上面的方程是可解的.

2010 年，李伟平和王天泽研究了上面丢番图方程对应的实系数丢番图逼近问题. 之后牟全武又做了进一步的改进.

本节基于作者与王天芹的结果，通过建立新的均值估计，得到下面的结论.

定理 3.7　设 k 是整数且 $k \geqslant 2$，再设 $\lambda_1, \lambda_2, \lambda_3, \lambda_4, \lambda_5$ 是非零实数，且正负不全相同，比值 λ_1/λ_2 为无理数. $\bar{\omega}$ 为任意实数. 那么对任意 $\varepsilon > 0$，素变

数丢番图逼近不等式

$$|\lambda_1 p_1^2+\lambda_2 p_2^2+\lambda_3 p_3^2+\lambda_4 p_4^2+\lambda_5 p_5^k+\bar{\omega}|<(\max p_j)^{-1/(8\sigma(k))+\varepsilon}$$

有无穷多素数解.

推论 3.1(Harman) 设 $\lambda_1,\lambda_2,\lambda_3,\lambda_4,\lambda_5$ 是非零实数,且正负不全相同,比值 λ_1/λ_2 为无理数. $\bar{\omega}$ 为任意实数. 那么对任意 $\varepsilon>0$,素变数丢番图逼近不等式

$$|\lambda_1 p_1^2+\lambda_2 p_2^2+\lambda_3 p_3^2+\lambda_4 p_4^2+\lambda_5 p_5^2+\bar{\omega}|<(\max p_j)^{-1/8+\varepsilon}$$

有无穷多素数解.

定理 3.7 的证明与前面定理 3.2 类似. 这里仅给出证明的大体思路,具体的细节留给读者. 首先,定义

$$N_{\bar{\omega}}^*=\frac{1}{\tau}\sum_{\eta X\leqslant p_1^2,p_2^2,p_3^2,p_4^2,p_5^k\leqslant X}\left(\prod_{j=1}^{5}\log p_j\right)\times A(\lambda_1 p_1^2+\lambda_2 p_2^2+\lambda_3 p_3^2+\lambda_4 p_4^2+\lambda_5 p_5^k+\bar{\omega}),$$

显然有 $0\leqslant N_{\bar{\omega}}^*\leqslant(\log X)^5\psi^*(\bar{\omega})$,其中 $\psi^*(\bar{\omega})$ 表示素变数不等式

$$|\lambda_1 p_1^2+\lambda_2 p_2^2+\lambda_3 p_3^2+\lambda_4 p_4^2+\lambda_5 p_5^k+\bar{\omega}|<\tau$$

解的个数. 由引理 1.1,考虑 $N_{\bar{\omega}}^*$ 的积分表达式

$$N_{\bar{\omega}}^*=\frac{1}{\tau}\int_{-\infty}^{+\infty}S_2(\lambda_1\alpha)S_2(\lambda_2\alpha)S_2(\lambda_3\alpha)S_2(\lambda_4\alpha)S_k(\lambda_5\alpha)K(\alpha)\mathrm{e}(\bar{\omega}\alpha)\mathrm{d}\alpha.$$

同样,为了估计上面的积分,把实数集分成三部分:主区间 $\mathfrak{M}$、余区间 $\mathfrak{m}$ 和平凡区间 $\mathfrak{t}$,这里

$$\mathfrak{M}=\{\alpha:|\alpha|\leqslant\phi\},\mathfrak{m}=\{\alpha:\phi<|\alpha|\leqslant\xi\},\mathfrak{t}-\{\alpha:|\alpha|>\xi\},$$

其中 $\phi=X^{-\frac{3}{4}},\xi=\tau^{-2}X^{1/2+2\varepsilon}$.

与 3.3 节和 3.5 节计算主区间与平凡区间上的积分类似,有下面的结论,

$$\int_{\mathfrak{M}}S_2(\lambda_1\alpha)S_2(\lambda_2\alpha)S_2(\lambda_3\alpha)S_2(\lambda_4\alpha)S_k(\lambda_5\alpha)K(\alpha)\mathrm{e}(\bar{\omega}\alpha)\mathrm{d}\alpha\gg\tau^2X^{1+1/k}$$

和

$$\int_{\mathfrak{t}}S_2(\lambda_1\alpha)S_2(\lambda_2\alpha)S_2(\lambda_3\alpha)S_2(\lambda_4\alpha)S_k(\lambda_5\alpha)K(\alpha)\mathrm{e}(\bar{\omega}\alpha)\mathrm{d}\alpha=o(\tau^2X^{1+1/k}).$$

下面类似于 3.4 节来估计余区间上的积分. 此时依然取 $\rho=7/8$. 设 $\mathfrak{m}'=\mathfrak{m}_1\cup\mathfrak{m}_2,\hat{\mathfrak{m}}=\mathfrak{m}\backslash\mathfrak{m}'$,这里

$$\mathfrak{m}_1=\{\alpha\in\mathfrak{m}:|S_2(\lambda_1\alpha)|\leqslant X^{\rho+2\varepsilon}\},$$
$$\mathfrak{m}_2=\{\alpha\in\mathfrak{m}:|S_2(\lambda_2\alpha)|\leqslant X^{\rho+2\varepsilon}\}.$$

引理 3.19 有

$$\int_{\mathfrak{m}'}|S_2(\lambda_1\alpha)S_2(\lambda_2\alpha)S_2(\lambda_3\alpha)S_2(\lambda_4\alpha)S_k(\lambda_5\alpha)|K(\alpha)\mathrm{d}\alpha\ll\tau X^{1+1/k-1/(16\sigma(k))+\varepsilon}.$$

证明:同样,只需估计区间 $\mathfrak{m}_1$ 上的积分即可. 由引理 3.4 和引理 3.13 知,

$$\begin{aligned}
&\int_{\mathfrak{m}_1} | S_2(\lambda_1\alpha)S_2(\lambda_2\alpha)S_2(\lambda_3\alpha)S_2(\lambda_4\alpha)S_k(\lambda_5\alpha) | K(\alpha)\mathrm{d}\alpha \\
&\ll P^{(\rho+\varepsilon)/\sigma(k)}\left(\int_{-\infty}^{+\infty} | S_2(\lambda_1\alpha) |^4 K(\alpha)\mathrm{d}\alpha\right)^{1/4-1/(2\sigma(k))} \\
&\quad\times\prod_{j=2}^{4}\left(\int_{-\infty}^{+\infty} | S_2(\lambda_j\alpha) |^4 K(\alpha)\mathrm{d}\alpha\right)^{1/4} \\
&\quad\times\left(\int_{-\infty}^{+\infty} | S_2(\lambda_1\alpha) |^2 | S_k(\lambda_5\alpha) |^{2\sigma(k)} K(\alpha)\mathrm{d}\alpha\right)^{1/(2\sigma(k))} \\
&\ll \tau X^{1+1/k-1/(16\sigma(k))+\varepsilon}.
\end{aligned}$$

从而引理得证.

与引理 3.15 的证明一样,取 $X = P^2 = q^2$,这里 a/q 为无理数 λ_1/λ_2 的有理逼近. 那么有

$$\int_{\hat{\mathfrak{m}}} | S_2(\lambda_1\alpha)S_2(\lambda_2\alpha)S_2(\lambda_3\alpha)S_2(\lambda_4\alpha)S_k(\lambda_5\alpha) | K(\alpha)\mathrm{d}\alpha \ll \tau X^{7/8+1/k+\varepsilon}.$$

从而,利用引理 3.19 和上面的估计,有

$$\int_{\mathfrak{m}} | S_2(\lambda_1\alpha)S_2(\lambda_2\alpha)S_2(\lambda_3\alpha)S_2(\lambda_4\alpha)S_k(\lambda_5\alpha) | K(\alpha)\mathrm{d}\alpha \ll \tau X^{1+1/k-1/(16\sigma(k))+\varepsilon}.$$

此时取

$$\tau = X^{-1/(16\sigma(k))+2\varepsilon},$$

有

$$\psi^*(\bar{\omega}) \gg (\log X)^{-5} N_{\bar{\omega}}^* \gg \tau X^{1+1/k}(\log X)^{-5}.$$

这就表明素变数不等式

$$| \lambda_1 p_1^2 + \lambda_2 p_2^2 + \lambda_3 p_3^2 + \lambda_4 p_4^2 + \lambda_5 p_5^k + \bar{\omega} | < \tau$$

至少有 $\tau X^{1+1/k}(\log X)^{-5}$ 对素数解 p_1, p_2, p_3, p_4, p_5. 又注意到

$$\max(p_1^2, p_2^2, p_3^2, p_4^2, p_5^k) \asymp X,$$

所以有

$$\tau \asymp (\max p_j)^{-1/(8\sigma(k))+2\varepsilon}.$$

从而可知,不等式

$$| \lambda_1 p_1^2 + \lambda_2 p_2^2 + \lambda_3 p_3^2 + \lambda_4 p_4^2 + \lambda_5 p_5^k + \bar{\omega} | < (\max p_j)^{-1/(8\sigma(k))+2\varepsilon}$$

也至少有 $\tau X^{1+1/k}(\log X)^{-5}$ 对素数解 p_1, p_2, p_3, p_4, p_5. 又因为 λ_1/λ_2 为无理数,所以 λ_1/λ_2 的有理逼近序列 a/q 为无穷序列,又 $X = P^2 = q^2$,这就表明上面的不等式必有无穷多组素数解. 这就完成了定理 3.7 的证明.

3.8 本章小结

本章中利用圆法研究了三类二次素变数丢番图逼近不等式问题.但是,相对应的华林-哥德巴赫问题的结果要比丢番图逼近结果好.例如,华林-哥德巴赫问题三个素数平方和的例外集结果为

$$E_3(X) \ll X^{17/20+\varepsilon},$$

四个素数平方和的例外集结果为

$$E_4(X) \ll X^{11/32+\varepsilon}.$$

这是因为正像 Harman 说的那样,研究华林-哥德巴赫问题的有些方法对于丢番图逼近问题不在适用,需要引入新的更适合丢番图逼近问题的研究工具.

这里 X 依赖于无理数 λ_1/λ_2 的有理逼近序列 a/q,导致解数没有渐进公式.如果不要求对逼近程度进行刻画,也可以得到解数的渐进公式,可以参考 Freeman 相关的结果.

最后,猜想不等式

$$|\lambda_1 p_1^2 + \lambda_2 p_2^2 + \lambda_3 p_3^2 + \lambda_4 p_4^2 + \bar{\omega}| < \varepsilon$$

有无穷多对素数解.当然,要证明猜想很难,但是也可以研究猜想的逼近问题,例如殆素数问题、Linnik 问题等,有兴趣的读者可以查阅相关文献.

第 4 章　三次素变数丢番图逼近

本章主要介绍利用迭代思想来研究三次素变数丢番图逼近不等式问题. 主要结论基于作者与赵峰 2017 年发表的论文.

4.1　预备知识

设 P 是一个充分大的量, $X=P^3$. 定义

$$S(\alpha)=\sum_{\eta P\leqslant p\leqslant P}(\log p)\mathrm{e}(\alpha p^3),$$

$$T(\alpha)=\sum_{\eta P\leqslant n\leqslant P}\mathrm{e}(\alpha n^3).$$

下面给出几个必要的指数和估计的结果.

引理 4.1　设 $P\geqslant Z\geqslant P^{11/12+\varepsilon}$. 如果 $|S(\lambda_j\alpha)|\geqslant Z$, 则存在互素的整数 a,q, 满足

$$1\leqslant q\ll(P/Z)^2P^{\varepsilon},\ |q\lambda_j\alpha-a|\ll(P/Z)^2P^{\varepsilon-3}.$$

证明: 令 $Q=P^{3/2}$, 那么由 Dirichlet 逼近定理知, 存在互素的整数 a,q, $1\leqslant q\leqslant Q$, 且

$$|q\lambda_j\alpha-a|\leqslant Q^{-1}.$$

由引理 1.3 和条件 $Z\geqslant P^{11/12+\varepsilon}$, 得

$$P^{11/12+\varepsilon}\leqslant Z\leqslant|S(\lambda_j\alpha)|\ll P^{11/12+\varepsilon/2}+\frac{P^{1+\varepsilon/2}}{q^{1/2}(1+P^3|\alpha-a/q|)^{1/2}}.$$

从而可知

$$q(1+P^3|\alpha-a/q|)\ll(P/Z)^2P^{\varepsilon}.$$

因此, 有

$$1\leqslant q\ll(P/Z)^2P^{\varepsilon},\ |q\lambda_j\alpha-a|\ll(P/Z)^2P^{\varepsilon-3}.$$

引理得证.

引理 4.2　有

$$\int_{-1}^{1}|S(\lambda_j\alpha)|^8\mathrm{d}\alpha\ll P^{5+\varepsilon},$$

$$\int_{-1}^{1}|S(\lambda_j\alpha)|^4\mathrm{d}\alpha\ll P^{2+\varepsilon},$$

$$\int_{-\infty}^{+\infty} |S(\lambda_j\alpha)|^8 K(\alpha)\mathrm{d}\alpha \ll \tau P^{5+\varepsilon}.$$

证明：由引理 1.1 和华罗庚引理立得.

为了更好地描述整变量的三角和估计，引入经典的可乘函数 $w_3(q)$，$w_3(q)$ 由下面定义给出，

$$w_3(p^{3u+v}) = \begin{cases} 3p^{-u-1/2}, \text{当 } u \geqslant 0, v = 1; \\ p^{-u-1}, \text{当 } u \geqslant 0, v = 2,3. \end{cases}$$

由经典的 Weyl 不等式（文献[79]中引理 2.4）和文献[79]中引理 6.1、引理 6.2，可以得到下面的结论.

引理 4.3 设 α 是一实数，且存在整数 a 和自然数 q，满足

$$(a,q) = 1, 1 \leqslant q \leqslant P^{3/4}, |q\alpha - a| \leqslant P^{-9/4}.$$

那么有

$$\sum_{P \leqslant n \leqslant 2P} \mathrm{e}(n^3\alpha) \ll P^{3/4+\varepsilon} + \frac{w_3(q)P}{1 + P^3 |\alpha - a/q|}.$$

引理 4.4 设 c 为一个常数. 那么对于任意 $Q \geqslant 2$，有

$$\sum_{1 \leqslant q \leqslant Q} \mathrm{d}(q)^c w_3(q)^2 \ll (\log Q)^A,$$

这里 A 为一个正常数，$\mathrm{d}(q)$ 为除数函数.

证明：由于函数 $w_3(q)$ 是可乘函数，所以有

$$\begin{aligned} &\sum_{q \leqslant Q} \mathrm{d}(q)^c w_3(q)^2 \\ &\leqslant \prod_{p \leqslant Q} \Big(1 + \sum_{1 \leqslant j \leqslant \log Q/\log p} \mathrm{d}(p^j)^c w_3(p^j)^2\Big) \\ &= \prod_{p \leqslant Q} \Big(1 + \sum_{\substack{3u+v \leqslant \log Q/\log p \\ u \geqslant 0, 1 \leqslant v \leqslant 3}} \mathrm{d}(p^{3u+v})^c w_3(p^{3u+v})^2\Big). \end{aligned}$$

由函数 $w_3(q)$ 的定义知，

$$\begin{aligned} &\sum_{\substack{3u+v \leqslant \log Q/\log p \\ u \geqslant 0, 1 \leqslant v \leqslant 3}} \mathrm{d}(p^{3u+v})^c w_3(p^{3u+v})^2 \\ &= \sum_{\substack{3u+1 \leqslant \log Q/\log p \\ u \geqslant 0}} \frac{3(3u+2)^c}{p^{2u+1}} + \sum_{u \geqslant 0} \sum_{\substack{3u+v \leqslant \log Q/\log p \\ 2 \leqslant v \leqslant 3}} \frac{(3u+v+1)^c}{p^{2u+2}} \\ &\ll \frac{1}{p}. \end{aligned}$$

因此有

$$\sum_{q \leqslant Q} \mathrm{d}(q)^c w_3(q)^2 \ll \prod_{p \leqslant Q} \Big(1 + \frac{1}{p}\Big) \ll (\log Q)^A.$$

引理得证.

4.2　五个素数的立方

设 $\lambda_1,\lambda_2,\lambda_3,\lambda_4,\lambda_5$ 是非零实数，且不全为负数. V 是一个有良好间隔的正实数序列. $\delta>0$. 记 $E(V,X,\delta)$ 是集合 V 中使得不等式

$$|\lambda_1 p_1^3+\lambda_2 p_2^3+\lambda_3 p_3^3+\lambda_4 p_4^3+\lambda_5 p_5^3-v|<v^{-\delta}$$

无素数解得 $v\leqslant X$ 的个数.

Cook 和 Harman 证明了，如果比值 λ_1/λ_2 为无理数和代数数，那么

$$E(V,X,\delta)\ll X^{1-\frac{2}{3}\rho(3)+2\delta+\varepsilon},$$

这里 $\rho(3)=1/14$ 来自三次素变数三角和的估计. 利用新的三角和估计(引理 1.3)，可以得到下面的结果.

定理 4.1　设 $\lambda_1,\lambda_2,\lambda_3,\lambda_4,\lambda_5$ 是非零实数，且不全为负数，比值 λ_1/λ_2 为无理数和代数数. V 是一个有良好间隔的正实数序列. $\delta>0$. 那么对任意 $\varepsilon>0$，有

$$E(V,X,\delta)\ll X^{17/18+\varepsilon}.$$

定理 4.2　设 $\lambda_1,\lambda_2,\lambda_3,\lambda_4,\lambda_5$ 是非零实数，且不全为负数，比值 λ_1/λ_2 为无理数. V 是一个有良好间隔的正实数序列. $\delta>0$. 那么对任意 $\varepsilon>0$，存在一个序列 $X_j\to\infty$，使得

$$E(V,X_j,\delta)\ll X_j^{17/18+\varepsilon}.$$

进一步，如果无理数 λ_1/λ_2 的有理逼近序列的分母 q_j 满足

$$q_{j+1}^{1-\omega}\ll q_j,\omega\in[0,1),$$

对任意 $X\geqslant 1,\varepsilon>0$，有

$$E(V,X,\delta)\ll X^{(1+2\chi)/3+2\delta+\varepsilon},$$

这里

$$\chi=\max\left(\frac{3-\omega}{6-4\omega},\frac{11}{12}\right).$$

注：显然，由 Roth 定理知，定理 4.2 易得定理 4.1，所以只需证明定理 4.2. 实际上，当 $0\leqslant\omega\leqslant 15/16$ 时，$\chi=11/12$，此时都有

$$E(V,X,\delta)\ll X^{17/18+\varepsilon}.$$

仍然用 Davenport 和 Heilbronn 改进的圆法. 为了证明定理 4.2，需要下面的一些记号和引理.

记

$$N_v=\frac{1}{\tau}\sum_{\eta P\leqslant p_1\leqslant P}\sum_{\eta P\leqslant p_2\leqslant P}\cdots\sum_{\eta P\leqslant p_5\leqslant P}\left(\prod_{j=1}^{5}X\log p_j\right)$$

$$\times A(\lambda_1 p_1^3+\lambda_2 p_2^3+\lambda_3 p_3^3+\lambda_4 p_4^3+\lambda_5 p_5^3-v).$$

有

$$0\leqslant N_v\leqslant(\log X)^5\psi(v),$$

这里 $\psi(v)$ 表示素变数不等式

$$|\lambda_1 p_1^3+\lambda_2 p_2^3+\lambda_3 p_3^3+\lambda_4 p_4^3+\lambda_5 p_5^3-v|<\tau$$

解的个数. 由引理 1.1,考虑 N_v 的积分表达式

$$N_v=\frac{1}{\tau}\int_{-\infty}^{+\infty}S(\lambda_1\alpha)S(\lambda_2\alpha)S(\lambda_3\alpha)S(\lambda_4\alpha)S(\lambda_5\alpha)K(\alpha)\mathrm{e}(-v\alpha)\mathrm{d}\alpha.$$

为了估计上面的积分,把实数集分成三部分:主区间 $\mathfrak{M}$、余区间 $\mathfrak{m}$ 和平凡区间 $\mathfrak{t}$, 这里

$$\mathfrak{M}=\{\alpha:|\alpha|\leqslant\phi\},\mathfrak{m}=\{\alpha:\phi<|\alpha|\leqslant\xi\},\mathfrak{t}=\{\alpha:|\alpha|>\xi\},$$

其中 $\phi=P^{-3+5/12-\varepsilon}$, $\xi=\tau^{-2}P^{1+2\varepsilon}$.

利用第 3 章 3.3 节类似的讨论,很容易得到主区间积分的下界,具体证明不再赘述,请读者自己补充. 这里只给出结论.

引理 4.5 有

$$\int_{\mathfrak{M}}S(\lambda_1\alpha)S(\lambda_2\alpha)S(\lambda_3\alpha)S(\lambda_4\alpha)S(\lambda_5\alpha)K(\alpha)\mathrm{e}(-v\alpha)\mathrm{d}\alpha\gg\tau^2P^2.$$

引理 4.6 有

$$\int_{\mathfrak{t}}|S(\lambda_1\alpha)S(\lambda_2\alpha)S(\lambda_3\alpha)S(\lambda_4\alpha)S(\lambda_5\alpha)|K(\alpha)\mathrm{d}\alpha=o(\tau^2P^2).$$

证明:由引理 4.2 以及 Holder 不等式

$$\begin{aligned}&\int_{\mathfrak{t}}|S(\lambda_1\alpha)S(\lambda_2\alpha)S(\lambda_3\alpha)S(\lambda_4\alpha)S(\lambda_5\alpha)|K(\alpha)\mathrm{d}\alpha\\ \ll{}&P\prod_{j=1}^{4}\left(\int_{\xi}^{+\infty}|S(\lambda_j\alpha)|^4K(\alpha)\mathrm{d}\alpha\right)^{1/4}\\ \ll{}&P\prod_{j=1}^{4}\left(\sum_{n=[\xi]}^{+\infty}\int_n^{n+1}|S(\lambda_j\alpha)|^4\frac{1}{\alpha^2}\mathrm{d}\alpha\right)^{1/4}\\ \ll{}&P\prod_{j=1}^{4}\left(\sum_{n=[\xi]}^{+\infty}\frac{1}{n^2}\int_0^1|S(\lambda_j\alpha)|^4\mathrm{d}\alpha\right)^{1/4}\\ \ll{}&\xi^{-1}P^{3+\varepsilon}\ll\tau^2P^{2-\varepsilon}.\end{aligned}$$

从而引理得证.

下面来估计余区间上的积分. 取 $\sigma=11/12$. 设 $\mathfrak{m}'=\mathfrak{m}_1\cup\mathfrak{m}_2$, $\hat{\mathfrak{m}}=\mathfrak{m}\backslash\mathfrak{m}'$, 这里

$$\mathfrak{m}_1=\{\alpha\in\mathfrak{m}:|S(\lambda_1\alpha)|\leqslant X^{\sigma+\varepsilon}\},$$
$$\mathfrak{m}_2=\{\alpha\in\mathfrak{m}:|S(\lambda_2\alpha)|\leqslant X^{\sigma+\varepsilon}\}.$$

有下面的引理.

引理 4.7 有

$$\int_{\mathfrak{m}'} |S(\lambda_1\alpha)S(\lambda_2\alpha)S(\lambda_3\alpha)S(\lambda_4\alpha)S(\lambda_5\alpha)|^2 K(\alpha)\mathrm{d}\alpha \ll \tau P^{5+2\sigma+3\varepsilon}.$$

证明:由 $\mathfrak{m}'$ 的定义,只需考虑 $\mathfrak{m}_1$ 上的积分即可,$\mathfrak{m}_2$ 上的积分可以类似地证明.由引理 4.2 知,有

$$\begin{aligned}&\int_{\mathfrak{m}_1} |S(\lambda_1\alpha)S(\lambda_2\alpha)S(\lambda_3\alpha)S(\lambda_4\alpha)S(\lambda_5\alpha)|^2 K(\alpha)\mathrm{d}\alpha\\ &\ll P^{2\sigma+2\varepsilon}\prod_{j=2}^{5}\left(\int_{-\infty}^{+\infty}|S(\lambda_j\alpha)|^8 K(\alpha)\mathrm{d}\alpha\right)^{1/4}\\ &\ll \tau P^{5+2\sigma+3\varepsilon}.\end{aligned}$$

从而引理得证.

引理 4.8 设 a/q 是无理数 λ_1/λ_2 的连分数有理逼近,再设 $P=q^{3/8}$. 有

$$\int_{\hat{\mathfrak{m}}} |S(\lambda_1\alpha)S(\lambda_2\alpha)S(\lambda_3\alpha)S(\lambda_4\alpha)S(\lambda_5\alpha)|^2 K(\alpha)\mathrm{d}\alpha \ll \tau P^{13/3+6\varepsilon}.$$

证明:把区间 $\hat{\mathfrak{m}}$ 分成一些互不相交子集合 $S(Z_1,Z_2,y)$,这里集合 $S(Z_1,Z_2,y)=\{\alpha\in\hat{\mathfrak{m}}: Z_j\leqslant|S_j(\lambda_1\alpha)|<2Z_j, j=1,2; y\leqslant|\alpha|<2y\}$,其中 $Z_1=P^{\sigma+\varepsilon}2^{t_1}$,$Z_2=P^{\sigma+\varepsilon}2^{t_2}$,$y=\phi 2^s$,$t_1,t_2,s$ 为正整数.那么由引理 4.1 知,存在两对互素的整数 (a_1,q_1) 和 (a_2,q_2),满足 $a_1a_2\neq 0$ 和

$$1\leqslant q_j\ll (P/Z_j)^2P^{\varepsilon},\ |q_j\lambda_j\alpha-a_j|\ll (P/Z_j)^2P^{\varepsilon-3}, j=1,2.$$

对于任意 $\alpha\in S(Z_1,Z_2,y)$,都有

$$\left|\frac{a_j}{\alpha}\right|\ll q_j+(P/Z_j)^2P^{\varepsilon-3}y^{-1}\ll q_j+P^{-1/4+\varepsilon}\ll q_j, j=1,2.$$

根据 q_j 的大小,进一步把集合 $S(Z_1,Z_2,y)$ 分为子集合 $S(Z_1,Z_2,y,Q_1,Q_2)$,这里 $Q_j\leqslant q_j<2Q_j$. 有

$$\begin{aligned}\left|a_2q_1\frac{\lambda_1}{\lambda_2}-a_1q_2\right| &= \left|\frac{a_2(q_1\lambda_1\alpha-a_1)+a_1(a_2-q_2\lambda_2\alpha)}{\lambda_2\alpha}\right|\\ &\ll Q_2(P/Z_1)^2P^{\varepsilon-3}+Q_1(P/Z_2)^2P^{\varepsilon-3}\\ &\ll (P/Z_1)^2(P/Z_2)^2P^{\varepsilon-3}\\ &\ll P^{1-4\sigma-3\varepsilon}\\ &\ll P^{-8/3-3\varepsilon}.\end{aligned}\tag{4.2.1}$$

并且还有

$$|a_2q_1|\ll P^{2\varepsilon}yQ_1Q_2.$$

设 $|a_2q_1|$ 最多可以取 R 个不同的值.注意到这时 $P=q^{3/8}$,这里 a/q 是无理数 λ_1/λ_2 的有理逼近.那么类似于第 2 章的讨论,由引理 1.4 和鸽巢原理知,

$$R\ll\frac{P^{2\varepsilon}yQ_1Q_2}{q}.$$

又每个 $|a_2q_1|$ 的值最多对应不超过 P^{ε} 对 a_2,q_1，从而可知，$S(Z_1,Z_2,y,Q_1,Q_2)$ 最多由 RP^{ε} 个长度不超过

$$\min(Q_1^{-1}(P/Z_1)^2P^{\varepsilon-3},Q_2^{-1}(P/Z_2)^2P^{\varepsilon-3})\ll\frac{P^{\varepsilon-1}}{Z_1Z_2Q_1^{1/2}Q_2^{1/2}}$$

的集合构成. 所以集合 $S(Z_1,Z_2,y,Q_1,Q_2)$ 的测度

$$\mu(S(Z_1,Z_2,y,Q_1,Q_2))\ll\frac{yP^{-1+4\varepsilon}Q_1^{1/2}Q_2^{1/2}}{qZ_1Z_2}.$$

在集合 $S(Z_1,Z_2,y,Q_1,Q_2)$ 上的积分为

$$\begin{aligned}&\int|S(\lambda_1\alpha)S(\lambda_2\alpha)S(\lambda_3\alpha)S(\lambda_4\alpha)S(\lambda_5\alpha)|^2K(\alpha)\mathrm{d}\alpha\\&\ll\min(\tau^2,y^{-2})Z_1^2Z_2^2P^6\,\frac{yP^{-1+4\varepsilon}Q_1^{1/2}Q_2^{1/2}}{qZ_1Z_2}\\&\ll\tau\frac{P^{7+5\varepsilon}}{q}\\&\ll\tau P^{13/3+5\varepsilon}.\end{aligned}\tag{4.2.2}$$

对 Z_1,Z_2,y,Q_1,Q_2 所有可能的情况求和即得，

$$\int_{\hat{\mathfrak{m}}}|S(\lambda_1\alpha)S(\lambda_2\alpha)S(\lambda_3\alpha)S(\lambda_4\alpha)S(\lambda_5\alpha)|^2K(\alpha)\mathrm{d}\alpha\ll\tau P^{13/3+6\varepsilon}.$$

从而引理得证.

定理 4.2 的证明：取 $\tau=X^{-\delta}$. 设集合是集合 V 中使得素变数不等式

$$|\lambda_1p_1^3+\lambda_2p_2^3+\lambda_3p_3^3+\lambda_4p_4^3+\lambda_5p_5^3-v|<\tau$$

无解的 $1\leqslant v\leqslant X$ 构成的集合. 显然，有 $E=E(V,X,\delta)=|\mathcal{E}(V,X,\delta)|$. 由引理 4.5 和引理 4.6 知，有

$$\left|\sum_{v\in\mathcal{E}}\int_m S(\lambda_1\alpha)S(\lambda_2\alpha)S(\lambda_3\alpha)S(\lambda_4\alpha)S(\lambda_5\alpha)K(\alpha)\mathrm{e}(-v\alpha)\mathrm{d}\alpha\right|\gg\tau^2P^2E.\tag{4.2.3}$$

下面先来证明定理 4.2 的第一部分. 由 Cauchy-Schwarz 不等式和引理 4.7、引理 4.8 知

$$\begin{aligned}&\left|\sum_{v\in\mathcal{E}}\int_m S(\lambda_1\alpha)S(\lambda_2\alpha)S(\lambda_3\alpha)S(\lambda_4\alpha)S(\lambda_5\alpha)K(\alpha)\mathrm{e}(-v\alpha)\mathrm{d}\alpha\right|\\&\ll\left(\int_{-\infty}^{+\infty}\left|\sum_{v\in\mathcal{E}}\mathrm{e}(-v\alpha)\right|^2K(\alpha)\mathrm{d}\alpha\right)^{1/2}\\&\quad\times\left(\int_m|S(\lambda_1\alpha)S(\lambda_2\alpha)S(\lambda_3\alpha)S(\lambda_4\alpha)S(\lambda_5\alpha)|^2K(\alpha)\mathrm{d}\alpha\right)^{1/2}\\&\ll(\tau P^{41/6+6\varepsilon})^{1/2}\left(\sum_{v_1,v_2\in\mathcal{E}}A(v_1-v_2)\right)^{1/2}\\&\ll\tau E^{1/2}P^{41/12+3\varepsilon}.\end{aligned}\tag{4.2.4}$$

组合公式(4.2.3)和公式(4.2.4)，得

$$E = E(V, X, \delta) \ll \tau^{-2} P^{17/6+3\varepsilon} = X^{17/18+2\delta+\varepsilon}.$$

在引理4.8中注意到 $P = q^{3/8}$，这里 a/q 是无理数 λ_1/λ_2 的有理逼近. 显然存在一个无穷序列 $q_j \to \infty$，这就给出了一个无穷序列 $X_j \to \infty$，使得

$$E(V, X_j, \delta) \ll X_j^{17/18+2\delta+\varepsilon}.$$

这就完成了定理4.2第一部分的证明.

接着来证明定理4.2的第二部分. 此时无理数 λ_1/λ_2 的有理逼近序列的分母 q_j 满足关系式

$$q_{j+1}^{1-\omega} \ll q_j, \omega \in [0,1).$$

只要重复引理4.7和引理4.8的证明过程，这时替换 σ 为 χ 即可，这里 χ 由定理4.2给出. 注意此时不再取 $P = q^{3/8}$. 在引理3.8中假设

$$\min(Z_1, Z_2) > P^{\chi+\varepsilon},$$

此时(4.2.1)式变为

$$\left| a_2 q_1 \frac{\lambda_1}{\lambda_2} - a_1 q_2 \right| \ll P^{1-4\chi-3\varepsilon}.$$

然而，由无理数 λ_1/λ_2 的有理逼近条件知，对于任意充分大的 P，一定存在无理数 λ_1/λ_2 的一个有理逼近 a/q，使得

$$P^{(1-\omega)(4\chi-1)} \ll q \ll P^{(4\chi-1)}.$$

此时积分估计(4.2.2)对应变为

$$\begin{aligned} &\int |S(\lambda_1\alpha)S(\lambda_2\alpha)S(\lambda_3\alpha)S(\lambda_4\alpha)S(\lambda_5\alpha)|^2 K(\alpha)\mathrm{d}\alpha \\ &\ll \tau \frac{P^{7+5\varepsilon}}{q} \ll \tau X^{7-(1-\omega)(4\chi-1)+5\varepsilon} \\ &\ll \tau X^{5+2\chi+5\varepsilon}. \end{aligned}$$

因此，有

$$\begin{aligned} &\int_{\mathfrak{m}} |S(\lambda_1\alpha)S(\lambda_2\alpha)S(\lambda_3\alpha)S(\lambda_4\alpha)S(\lambda_5\alpha)|^2 K(\alpha)\mathrm{d}\alpha \\ &\ll \tau P^{5+2\chi+6\varepsilon}. \end{aligned}$$

后面重复定理4.2第一部分的证明过程，即得定理4.2的第二部分. 这就完成了定理4.2的证明.

4.3　五个素数的立方的改进

本节讨论如果对系数 $\lambda_1, \lambda_2, \lambda_3, \lambda_4, \lambda_5$ 加入一些较强的限制，可以得到更好的结果，主要是把2/3去掉了.

首先，为了叙述的方便，引入下面的定义. 若非零实数 $\lambda_1,\lambda_2,\cdots,\lambda_s$ 两两比值都是无理数，则称 $\lambda_1,\lambda_2,\cdots,\lambda_s$ 为一个长度为 s 的无理数环；若非零实数 $\lambda_1,\lambda_2,\cdots,\lambda_s$ 两两比值都是代数数，则称 $\lambda_1,\lambda_2,\cdots,\lambda_s$ 为一个长度为 s 的代数数环.

定理 4.3 设 $\lambda_1,\lambda_2,\lambda_3,\lambda_4,\lambda_5$ 是非零实数，且不全为负数. 如果 $\lambda_1,\lambda_2,\lambda_3,\lambda_4,\lambda_5$ 中存在一个长度为 4 的无理数和代数数环. V 是一个有良好间隔的正实数序列，$\delta>0$. 对任意 $\varepsilon>0$，有

$$E(V,X,\delta)\ll X^{11/12+\varepsilon}.$$

定理 4.4 设 $\lambda_1,\lambda_2,\lambda_3,\lambda_4,\lambda_5$ 是非零实数，且不全为负数. V 是一个有良好间隔的正实数序列，$\delta>0$. 如果 $\lambda_1,\lambda_2,\lambda_3,\lambda_4,\lambda_5$ 中存在一个长度为 4 的无理数环，并且存在 $\omega\in[0,1)$ 使得长度为 4 的无理数环中所有无理数 λ_k/λ_l 的有理逼近序列的分母 $q_{k,l,j}$ 满足

$$q_{k,l,j+1}^{1-\omega}\ll q_{k,l,j},$$

对任意 $X\geqslant 1,\varepsilon>0$，有

$$E(V,X,\delta)\ll X^{\chi^*+2\delta+\varepsilon},$$

这里

$$\chi^*=\max\left(\frac{4-\omega}{7-4\omega},\frac{11}{12}\right).$$

注：当 $0\leqslant\omega\leqslant 29/31$ 时，$\chi^*=11/12$，此时都有

$$E(V,X,\delta)\ll X^{11/12+\varepsilon}.$$

虽然加了限制条件，但是仍然对绝大多数情况成立.

在主区间和平凡区间上的积分估计不变，只需重新估计余区间上积分的上界即可. 把余区间分成两部分：$\tilde{\mathfrak{m}}$ 和 $\mathfrak{m}'=\mathfrak{m}\backslash\tilde{\mathfrak{m}}$，其中

$$\tilde{\mathfrak{m}}=\{\alpha\in\mathfrak{m}:|S(\lambda_1\alpha)|,\cdots,|S(\lambda_5\alpha)|\text{ 至少有三个不超过 }P^{\chi^*+\varepsilon}\}.$$

若 $\alpha\in\mathfrak{m}'$，那么五个三角和 $|S(\lambda_1\alpha)|,\cdots,|S(\lambda_5\alpha)|$ 中至少有三个大于 $P^{\chi^*+\varepsilon}$. 又由于 $\lambda_1,\lambda_2,\lambda_3,\lambda_4,\lambda_5$ 中存在一个长度为 4 的无理数环，那么必存在 $1\leqslant k<l\leqslant 5$，使得比值 λ_k/λ_l 为无理数，且

$$|S(\lambda_k\alpha)|\geqslant P^{\chi^*+\varepsilon},\ |S(\lambda_l\alpha)|\geqslant P^{\chi^*+\varepsilon}.$$

并且比值 λ_k/λ_l 有理逼近序列的分母满足

$$q_{k,l,j+1}^{1-\omega}\ll q_{k,l,j},$$

重复引理 4.8 的证明. 此时，对于任意充分大的 P，一定存在无理数 λ_k/λ_l 的一个有理逼近 a/q，使得

$$P^{(1-\omega)(4\chi^*-1)}\ll q\ll P^{(4\chi^*-1)}.$$

此时积分估计(4.2.2)对应变为

$$\int |S(\lambda_1\alpha)S(\lambda_2\alpha)S(\lambda_3\alpha)S(\lambda_4\alpha)S(\lambda_5\alpha)|^2K(\alpha)\mathrm{d}\alpha$$
$$\ll \tau\frac{P^{7+5\varepsilon}}{q} \ll \tau X^{7-(1-\omega)(4\chi^*-1)+5\varepsilon}$$
$$\ll \tau X^{4+3\chi^*+5\varepsilon},$$

有

$$\int_{\mathfrak{m}'} |S(\lambda_1\alpha)S(\lambda_2\alpha)S(\lambda_3\alpha)S(\lambda_4\alpha)S(\lambda_5\alpha)|^2K(\alpha)\mathrm{d}\alpha$$
$$\ll \tau P^{4+3\chi^*+6\varepsilon}. \tag{4.3.1}$$

引理 4.9　有

$$\int_{\tilde{\mathfrak{m}}} |S(\lambda_1\alpha)S(\lambda_2\alpha)S(\lambda_3\alpha)S(\lambda_4\alpha)S(\lambda_5\alpha)|^2K(\alpha)\mathrm{d}\alpha$$
$$\ll \tau P^{4+3\chi^*+6\varepsilon}. \tag{4.3.2}$$

证明:不失一般性,只需考虑

$$|S(\lambda_1\alpha)|\geqslant|S(\lambda_2\alpha)|,\ |S(\lambda_j\alpha)|\leqslant P^{\chi^*+\varepsilon}, j=3,4,5$$

的情况即可. 为了书写方便,记

$$G(\alpha)=|S(\lambda_2\alpha)S(\lambda_3\alpha)S(\lambda_4\alpha)S(\lambda_5\alpha)|^2.$$

因此,有

$$\begin{aligned}
J(\tilde{\mathfrak{m}}):&=\int_{\tilde{\mathfrak{m}}} |S(\lambda_1\alpha)S(\lambda_2\alpha)S(\lambda_3\alpha)S(\lambda_4\alpha)S(\lambda_5\alpha)|^2K(\alpha)\mathrm{d}\alpha\\
&=\sum_{\eta P\leqslant p\leqslant P}(\log p)\int_{\tilde{\mathfrak{m}}} e(\alpha\lambda_1p^3)G(\alpha)S(-\lambda_1\alpha)K(\alpha)\mathrm{d}\alpha\\
&\leqslant\sum_{\eta P\leqslant p\leqslant P}(\log p)\left|\int_{\tilde{\mathfrak{m}}} e(\alpha\lambda_1p^3)G(\alpha)S(-\lambda_1\alpha)K(\alpha)\mathrm{d}\alpha\right|\\
&\leqslant(\log P)\sum_{\eta P\leqslant n\leqslant P}\left|\int_{\tilde{\mathfrak{m}}} e(\alpha\lambda_1n^3)G(\alpha)S(-\lambda_1\alpha)K(\alpha)\mathrm{d}\alpha\right|.
\end{aligned}$$

由 Cauchy-Schwarz 不等式知,

$$J(\tilde{\mathfrak{m}})\ll P^{1/2}\log P\Big(\sum_{\eta P\leqslant n\leqslant P}\left|\int_{\tilde{\mathfrak{m}}} e(\alpha\lambda_1n^3)G(\alpha)S(-\lambda_1\alpha)K(\alpha)\mathrm{d}\alpha\right|^2\Big)^{1/2}. \tag{4.3.3}$$

下面估计(4.3.3)右边的求和,

$$\begin{aligned}
&\sum_{\eta P\leqslant n\leqslant P}\left|\int_{\tilde{\mathfrak{m}}} e(\alpha\lambda_1n^3)G(\alpha)S(-\lambda_1\alpha)K(\alpha)\mathrm{d}\alpha\right|^2\\
=&\sum_{\eta P\leqslant n\leqslant P}\int_{\tilde{\mathfrak{m}}}\int_{\tilde{\mathfrak{m}}} e(\lambda_1n^3(\alpha-\beta))G(\alpha)S(-\lambda_1\alpha)K(\alpha)G(-\beta)S(\lambda_1\beta)K(\beta)\mathrm{d}\alpha\mathrm{d}\beta\\
=&\int_{\tilde{\mathfrak{m}}} G(-\beta)S(\lambda_1\beta)K(\beta)\Big(\int_{\tilde{\mathfrak{m}}} T(\lambda_1(\alpha-\beta))G(\alpha)S(-\lambda_1\alpha)K(\alpha)\mathrm{d}\alpha\Big)\mathrm{d}\beta\\
\leqslant&\int_{\tilde{\mathfrak{m}}} |G(-\beta)S(\lambda_1\beta)|K(\beta)F(\beta)\mathrm{d}\beta.
\end{aligned}$$

这里

$$T(\alpha)=\sum_{\eta P\leqslant n\leqslant P}\mathrm{e}(n^3\alpha)$$

和

$$F(\beta)=\int_{\widetilde{\mathfrak{m}}}|T(\lambda_1(\alpha-\beta))G(\alpha)S(-\lambda_1\alpha)|K(\alpha)\mathrm{d}\alpha. \quad (4.3.4)$$

令

$$\mathcal{M}_\beta(r,b)=\{\alpha\in\widetilde{\mathfrak{m}}:|r\lambda_1(\alpha-\beta)-b|\leqslant P^{-9/4}\},$$

若集合 $\mathcal{M}_\beta(r,b)\neq\varnothing$，必有

$$|r\lambda_1\beta+b|\leqslant|r\lambda_1(\alpha-\beta)-b|+|r\lambda_1\alpha|\leqslant P^{-9/4}+|r\lambda_1|\tau^{-2}P^{2\varepsilon}.$$

设集合

$$\mathcal{A}=\{b\in\mathbb{Z}:|r\lambda_1\beta+b|\leqslant P^{-9/4}+|r\lambda_1|\tau^{-2}P^{2\varepsilon}\},$$

把集合 $\mathcal{A}$ 分成两个子集 $\mathcal{A}_1$ 和 $\mathcal{A}_2=\mathcal{A}\setminus\mathcal{A}_1$，其中

$$\mathcal{A}_1=\{b\in\mathbb{Z}:-r|\lambda_1|\tau^{-1}+P^{-9/4}\leqslant r\lambda_1\beta+b\leqslant r|\lambda_1|\tau^{-1}-P^{-9/4}\}.$$

令

$$\mathcal{M}_\beta=\bigcup_{1\leqslant r\leqslant P^{3/4}}\bigcup_{\substack{b\in\mathcal{A}\\(b,r)=1}}\mathcal{M}_\beta(r,b).$$

由引理 4.3 知，

$$F(\beta)\ll P\int_{\mathcal{M}_\beta\cap\widetilde{\mathfrak{m}}}|G(\alpha)S(-\lambda_1\alpha)|\frac{w_3(r)K(\alpha)}{1+P^3|\lambda_1(\alpha-\beta)-b/r|}\mathrm{d}\alpha$$
$$+P^{3/4+\varepsilon}\int_{\widetilde{\mathfrak{m}}}|G(\alpha)S(-\lambda_1\alpha)|K(\alpha)\mathrm{d}\alpha. \quad (4.3.5)$$

首先，对于式(4.3.5)中的第一个积分，利用 Cauchy-Schwarz 不等式，得

$$\int_{\mathcal{M}_\beta\cap\widetilde{\mathfrak{m}}}|G(\alpha)S(-\lambda_1\alpha)|\frac{w_3(r)K(\alpha)}{1+P^3|\lambda_1(\alpha-\beta)-b/r|}\mathrm{d}\alpha$$
$$\ll\left(\int_{\widetilde{\mathfrak{m}}}|G(\alpha)|^2K(\alpha)\mathrm{d}\alpha\right)^{1/2}\left(\int_{\mathcal{M}_\beta}\frac{|S(-\lambda_1\alpha)|^2w_3(r)^2K(\alpha)}{(1+P^3|\lambda_1(\alpha-\beta)-b/r|)^2}\mathrm{d}\alpha\right)^{1/2}. \quad (4.3.6)$$

接着来估计式(4.3.6)的最后一个积分. 先把它分成两部分.

$$\int_{\mathcal{M}_\beta}\frac{|S(-\lambda_1\alpha)|^2w_3(r)^2K(\alpha)}{(1+P^3|\lambda_1(\alpha-\beta)-b/r|)^2}\mathrm{d}\alpha$$
$$=\sum_{j=1,2}\sum_{1\leqslant r\leqslant P^{3/4}}\sum_{\substack{b\in A_j\\(b,r)=1}}\int_{\mathcal{M}_\beta(r,b)}\frac{|S(-\lambda_1\alpha)|^2w_3(r)^2K(\alpha)}{(1+P^3|\lambda_1(\alpha-\beta)-b/r|)^2}\mathrm{d}\alpha$$
$$=:L_1(\beta)+L_2(\beta). \quad (4.3.7)$$

对于第一部分，有

$$L_1(\beta) \ll \tau^2 \sum_{1 \leqslant r \leqslant P^{3/4}} \sum_{\substack{b \in \mathcal{A}_1 \\ (b,r)=1}} \int_{\mathcal{M}_\beta(r,b)} \frac{|S(-\lambda_1\alpha)|^2 w_3(r)^2}{(1+P^3|\lambda_1(\alpha-\beta)-b/r|)^2} \mathrm{d}\alpha$$

$$\ll \tau^2 \sum_{1 \leqslant r \leqslant P^{3/4}} \sum_{\substack{b \in \mathcal{A}_1 \\ (b,r)=1}} \int_{|\lambda_1\gamma| \leqslant \frac{1}{rP^{9/4}}} \frac{|S(\lambda_1(\beta+\gamma)+b/r)|^2 w_3(r)^2}{(1+P^3|\lambda_1\gamma|)^2} \mathrm{d}\gamma$$

$$\ll \tau^2 \sum_{1 \leqslant r \leqslant P^{3/4}} w_3(r)^2 \int_{|\lambda_1\gamma| \leqslant \frac{1}{rP^{9/4}}} \frac{U(\mathcal{A}_1^*)}{(1+P^3|\lambda_1\gamma|)^2} \mathrm{d}\gamma,$$

这里

$$U(\mathcal{A}_1^*) = \sum_{b \in \mathcal{A}_1^*} |S(\lambda_1(\beta+\gamma)+b/r)|^2$$

和

$$\mathcal{A}_1^* = \{b \in \mathbb{Z}: -r([|\lambda_1|\tau^{-1}]+1) < b + r\lambda_1\beta \leqslant r([|\lambda_1|\tau^{-1}]+2)\}.$$

那么，有

$$U(\mathcal{A}_1^*) = \sum_{\eta P \leqslant p_1 \leqslant P} \sum_{\eta P \leqslant p_2 \leqslant P} \sum_{b \in \mathcal{A}_1^*} \mathrm{e}((\lambda_1(\beta+\gamma)+b/r)(p_1^3-p_2^3))$$

$$= \sum_{\eta P \leqslant p_1 \leqslant P} \sum_{\eta P \leqslant p_2 \leqslant P} \mathrm{e}(\lambda_1(\beta+\gamma)(p_1^3-p_2^3)) \sum_{b \in \mathcal{A}_1^*} \mathrm{e}\left(\frac{b(p_1^3-p_2^3)}{r}\right)$$

$$\leqslant r(2|\lambda_1|\tau^{-1}+3) \sum_{\eta P \leqslant p_1 \leqslant P} \sum_{\substack{\eta P \leqslant p_2 \leqslant P \\ p_1^3 \equiv p_2^3 (\bmod r)}} \mathrm{e}(\lambda_1(\beta+\gamma)(p_1^3-p_2^3))$$

$$\leqslant r\tau^{-1} \sum_{\eta P \leqslant p_1 \leqslant P} \sum_{\substack{\eta P \leqslant p_2 \leqslant P \\ p_1^3 \equiv p_2^3 (\bmod r)}} 1$$

$$\leqslant r\tau^{-1} P^2 r^{-2} \sum_{\substack{1 \leqslant b_1, b_2 \leqslant r \\ (b_1 b_2, r)=1 \\ b_1^3 \equiv b_2^3 (\bmod r)}} 1$$

$$\leqslant \tau^{-1} P^2 \sum_{\substack{1 \leqslant b \leqslant r \\ b^3 \equiv 1 (\bmod r)}} 1$$

$$\leqslant \tau^{-1} P^2 \mathrm{d}(r)^c.$$

因此，由引理 4.4 知，

$$L_1(\beta) \ll \tau P^2 \sum_{1 \leqslant r \leqslant P^{3/4}} w_3^2(r) \mathrm{d}(r)^c \int_{|\lambda_1\gamma| \leqslant \frac{1}{rP^{9/4}}} \frac{1}{(1+P^3|\lambda_1\gamma|)^2} \mathrm{d}\gamma$$

$$\ll \tau P^{-1} \sum_{1 \leqslant r \leqslant P^{3/4}} w_3^2(r) \mathrm{d}(r)^c$$

$$\ll \tau P^{-1+\varepsilon}. \tag{4.3.8}$$

这就估计好了第一部分 $L_1(\beta)$. 现在来估计第二部分 $L_2(\beta)$. 不失一般性，只需考虑集合

$$\mathcal{A}'_2 = \{b \in \mathbb{Z}: r \mid \lambda_1 \mid \tau^{-1} - P^{-9/4} \leqslant r\lambda_1\beta + b \leqslant r \mid \lambda_1 \mid \tau^{-2} P^{2\varepsilon} + P^{-9/4}\}$$

即可. 显然 $\mathcal{A}'_2$ 包含在集合 $\mathcal{A}_2^*$ 中,这里集合

$$\mathcal{A}_2^* = \{b \in \mathbb{Z}: r([\mid \lambda_1 \mid \tau^{-1}] - 1) < b + r\lambda_1\beta \leqslant r([\mid \lambda_1 \mid \tau^{-2} P^{2\varepsilon}] + 2)\}.$$

有

$$\begin{aligned}
& L_2(\beta) \\
& \ll \sum_{1 \leqslant r \leqslant P^{3/4}} \sum_{\substack{b \in \mathcal{A}_2^* \\ (b,r)=1}} \int_{\mathcal{M}_\beta(r,b)} \frac{\mid S(-\lambda_1\alpha) \mid^2 w_3(r)^2 K(\alpha)}{(1 + P^3 \mid \lambda_1(\alpha - \beta) - b/r \mid)^2} \mathrm{d}\alpha \\
& \ll \sum_{1 \leqslant r \leqslant P^{3/4}} \sum_{k=[|\lambda_1|\tau^{-1}]-1}^{[|\lambda_1|\tau^{-2}P^{2\varepsilon}]+1} \sum_{\substack{rk < b + r\lambda_1\beta \leqslant r(k+1) \\ (b,r)=1}} \int_{\mathcal{M}_\beta(r,b)} \frac{\mid S(-\lambda_1\alpha) \mid^2 w_3(r)^2 K(\alpha)}{(1 + P^3 |\lambda_1(\alpha - \beta) - b/r|)^2} \mathrm{d}\alpha \\
& \ll \sum_{1 \leqslant r \leqslant P^{3/4}} \sum_{k=[|\lambda_1|\tau^{-1}]-1}^{[|\lambda_1|\tau^{-2}P^{2\varepsilon}]+1} \sum_{\substack{rk < b + r\lambda_1\beta \leqslant r(k+1) \\ (b,r)=1}} \int_{\mathcal{M}_\beta(r,b)} \frac{|S(-\lambda_1\alpha)|^2 w_3(r)^2 |\alpha|^{-2}}{(1 + P^3 \mid \lambda_1(\alpha - \beta) - b/r \mid)^2} \mathrm{d}\alpha \\
& \ll \sum_{1 \leqslant r \leqslant P^{3/4}} \sum_{k=[|\lambda_1|\tau^{-1}]-1}^{[|\lambda_1|\tau^{-2}P^{2\varepsilon}]+1} \frac{1}{(k-1)^2} \int_{|\lambda_1\gamma| \leqslant \frac{1}{rP^{9/4}}} \frac{U(\mathcal{B}_k) w_3(r)^2}{(1 + P^3 \mid \lambda_1\gamma \mid)^2} \mathrm{d}\gamma.
\end{aligned}$$

这里集合

$$\mathcal{B}_k = \{b \in \mathbb{Z}: rk < b + r\lambda_1\beta \leqslant r(k+1)\}.$$

同上面估计 $U(\mathcal{A}_1^*)$ 类似,有估计

$$U(\mathcal{B}_k) \ll P^2 d(r)^c.$$

从而有

$$\begin{aligned}
L_2(\beta) & \ll P^2 \sum_{1 \leqslant r \leqslant P^{3/4}} \frac{w_3(r)^2 \mathrm{d}(r)^c}{[\mid \lambda_1 \mid \tau^{-1}] - 2} \int_{|\lambda_1\gamma| \leqslant \frac{1}{rP^{9/4}}} \frac{1}{(1 + P^3 \mid \lambda_1\gamma \mid)^2} \mathrm{d}\gamma \\
& \ll \tau P^{-1} \sum_{1 \leqslant r \leqslant P^{3/4}} w_3(r)^2 \mathrm{d}(r)^c \\
& \ll \tau P^{-1+\varepsilon}. \qquad (4.3.9)
\end{aligned}$$

由公式(4.3.5)～公式(4.3.9)知,

$$\begin{aligned}
F(\beta) \ll & \tau^{1/2} P^{1/2+\varepsilon} \left(\int_{\tilde{\mathfrak{m}}} \mid G(\alpha) \mid^2 K(\alpha) \mathrm{d}\alpha \right)^{1/2} \\
& + P^{3/4+\varepsilon} \int_{\tilde{\mathfrak{m}}} \mid G(\alpha) S(-\lambda_1\alpha) \mid K(\alpha) \mathrm{d}\alpha. \qquad (4.3.10)
\end{aligned}$$

因此,由公式(4.3.3)和公式(4.3.10),推得

$$\begin{aligned}
J(\tilde{\mathfrak{m}}) \ll & \tau^{1/4} P^{3/4+\varepsilon} \left(\int_{\tilde{\mathfrak{m}}} |G(\alpha)|^2 K(\alpha) \mathrm{d}\alpha \right)^{1/4} \left(\int_{\tilde{\mathfrak{m}}} |G(\alpha) S(-\lambda_1\alpha)| K(\alpha) \mathrm{d}\alpha \right)^{1/2} \\
& + P^{7/8+\varepsilon} \int_{\tilde{\mathfrak{m}}} |G(\alpha) S(-\lambda_1\alpha)| K(\alpha) \mathrm{d}\alpha.
\end{aligned}$$

下面分别来估计上面公式里面的两个积分. 由 Cauchy-Schwarz 不等式

和引理 4.2 知，

$$\begin{aligned}&\int_{\tilde{\mathfrak{m}}} |G(\alpha)S(-\lambda_1\alpha)| K(\alpha)\mathrm{d}\alpha \\ &\ll J(\tilde{\mathfrak{m}})^{1/2}\left(\int_{\tilde{\mathfrak{m}}} |G(\alpha)| K(\alpha)\mathrm{d}\alpha\right)^{1/2} \\ &\ll J(\tilde{\mathfrak{m}})^{1/2}\prod_{j=2}^{5}\left(\int_{-\infty}^{+\infty} |S(\lambda_j\alpha)|^8 K(\alpha)\mathrm{d}\alpha\right)^{1/8} \\ &\ll \tau^{1/2}P^{5/2+\varepsilon}J(\tilde{\mathfrak{m}})^{1/2}.\end{aligned}$$

由集合 $\tilde{\mathfrak{m}}$ 的定义以及假设可知，

$$\int_{\tilde{\mathfrak{m}}} |G(\alpha)|^2 K(\alpha)\mathrm{d}\alpha \ll P^{6\chi^*+6\varepsilon}J(\tilde{\mathfrak{m}}).$$

从而可得

$$\begin{aligned}J(\tilde{\mathfrak{m}}) &\ll \tau^{1/2}P^{2+3\varepsilon}J(\tilde{\mathfrak{m}})^{1/2}(P^{3\chi^*/2}+P^{11/8}) \\ &\ll \tau^{1/2}P^{2+3\chi^*/2+3\varepsilon}J(\tilde{\mathfrak{m}})^{1/2}.\end{aligned}$$

由此可知，

$$J(\tilde{\mathfrak{m}}) \ll \tau P^{4+3\chi^*+6\varepsilon}.$$

从而引理得证.

由公式(4.3.1)和引理 4.9 得，

$$\int_{\mathfrak{m}} |S(\lambda_1\alpha)S(\lambda_2\alpha)S(\lambda_3\alpha)S(\lambda_4\alpha)S(\lambda_5\alpha)|^2 K(\alpha)\mathrm{d}\alpha \ll \tau P^{4+3\chi^*+6\varepsilon}. \tag{4.3.11}$$

然后利用引理 4.5 和引理 4.6 以及上面的估计(4.3.11)，重复上一节定理 4.2 的证明即可得定理 4.4.

4.4　九个素数的立方

定理 4.5　设 $\lambda_1,\lambda_2,\cdots,\lambda_9$ 是非零实数，且不全同号，比值 λ_1/λ_2 是无理数. $\bar{\omega}$ 为任意实数. 对于任意 $\varepsilon>0$，素变数丢番图逼近不等式

$$\left|\sum_{j=1}^{9}\lambda_j p_j^3+\bar{\omega}\right| < (\max p_j)^{-1/12+\varepsilon}$$

有无穷多组素数解.

定理 4.6　设 $\lambda_1,\lambda_2,\cdots,\lambda_9$ 是非零实数，且不全同号. $\bar{\omega}$ 为任意实数. 如果 $\lambda_1,\lambda_2,\cdots,\lambda_9$ 中存在一个长度为 4 的无理数和代数数环. 那么对于任意 $\varepsilon>0$，素变数丢番图逼近不等式

$$\left|\sum_{j=1}^{9}\lambda_j p_j^3+\bar{\omega}\right| < (\max p_j)^{-1/8+\varepsilon}$$

有无穷多组素数解.

下面给出定理 4.5 和定理 4.6 的简要证明. 首先,记

$$N_{\bar{\omega}} = \frac{1}{\tau} \sum_{\eta P \leqslant p_1 \leqslant P} \sum_{\eta P \leqslant p_2 \leqslant P} \cdots \sum_{\eta P \leqslant p_9 \leqslant P} \left(\prod_{j=1}^{9} \log p_j\right) \times A(\lambda_1 p_1^3 + \lambda_2 p_2^3 + \cdots + \lambda_9 p_9^3 + \bar{\omega}).$$

有

$$0 \leqslant N_{\bar{\omega}} \leqslant (\log X)^9 \psi^*(\bar{\omega}),$$

这里 $\psi^*(\bar{\omega})$ 表示素变数不等式

$$|\lambda_1 p_1^3 + \lambda_2 p_2^3 + \cdots + \lambda_9 p_9^3 + \bar{\omega}| < \tau$$

解的个数. 由引理 1.1,考虑 $N_{\bar{\omega}}$ 的积分表达式

$$N_{\bar{\omega}} = \frac{1}{\tau}\int_{-\infty}^{+\infty} S(\lambda_1\alpha)S(\lambda_2\alpha)\cdots S(\lambda_9\alpha)K(\alpha)e(\bar{\omega}\alpha)d\alpha.$$

为了估计上面的积分,把实数集分成三部分:主区间 $\mathfrak{M}$、余区间 $\mathfrak{m}$ 和平凡区间 $\mathfrak{t}$, 这里

$$\mathfrak{M} = \{\alpha: |\alpha| \leqslant \phi\}, \mathfrak{m} = \{\alpha: \phi < |\alpha| \leqslant \xi\}, \mathfrak{t} = \{\alpha: |\alpha| > \xi\},$$

其中 $\phi = P^{-3+5/12-\varepsilon}$, $\xi = \tau^{-2}P^{2\varepsilon}$.

利用第 3 章 3.3 节类似的讨论,很容易得到主区间积分的下界,这里的具体证明不再赘述,请读者自己补充. 这里只给出结论.

引理 4.10 有

$$\int_{\mathfrak{M}} S(\lambda_1\alpha)S(\lambda_2\alpha)\cdots S(\lambda_9\alpha)K(\alpha)e(\bar{\omega}\alpha)d\alpha \gg \tau^2 P^6.$$

引理 4.11 有

$$\int_{\mathfrak{t}} |S(\lambda_1\alpha)S(\lambda_2\alpha)\cdots S(\lambda_9\alpha)| K(\alpha)d\alpha = o(\tau^2 P^6).$$

证明:由引理 4.2 以及 Holder 不等式

$$\begin{aligned}
&\int_{\mathfrak{t}} |S(\lambda_1\alpha)S(\lambda_2\alpha)\cdots S(\lambda_9\alpha)| K(\alpha)d\alpha \\
&\ll P\prod_{j=1}^{8}\left(\int_{\xi}^{+\infty} |S(\lambda_j\alpha)|^8 K(\alpha)d\alpha\right)^{1/8} \\
&\ll P\prod_{j=1}^{8}\left(\sum_{n=[\xi]}^{+\infty}\int_{n}^{n+1} |S(\lambda_j\alpha)|^8 \frac{1}{\alpha^2}d\alpha\right)^{1/8} \\
&\ll P\prod_{j=1}^{8}\left(\sum_{n=[\xi]}^{+\infty}\frac{1}{n^2}\int_{0}^{1} |S(\lambda_j\alpha)|^8 d\alpha\right)^{1/8} \\
&\ll \xi^{-1}P^{6+\varepsilon} \ll \tau^2 P^{6-\varepsilon}.
\end{aligned}$$

从而引理得证.

下面先来证明定理 4.5,考虑余区间上的积分. 由引理 4.2、4.7 和引理

4.8,得

$$\begin{aligned}&\int_{\mathfrak{m}}|S(\lambda_1\alpha)S(\lambda_2\alpha)\cdots S(\lambda_9\alpha)|K(\alpha)\mathrm{d}\alpha\\ \ll&\left(\int_{\mathfrak{m}}|S(\lambda_1\alpha)S(\lambda_2\alpha)\cdots S(\lambda_5\alpha)|^2K(\alpha)\mathrm{d}\alpha\right)^{1/2}\\ &\times\prod_{j=6}^{9}\left(\int_{-\infty}^{+\infty}|S(\lambda_j\alpha)|^8K(\alpha)\mathrm{d}\alpha\right)^{1/8}\\ \ll&\tau^{1/2}P^{5/2+\varepsilon}\left(\int_{\mathfrak{m}}|S(\lambda_1\alpha)S(\lambda_2\alpha)\cdots S(\lambda_5\alpha)|^2K(\alpha)\mathrm{d}\alpha\right)^{1/2}\\ \ll&\tau P^{6-1/12+\varepsilon}.\end{aligned}\tag{4.4.1}$$

接着,利用引理 4.10 和引理 4.11 以及公式(4.4.1),类似于第 3 章 3.8 节最后的讨论,即得定理 4.5.

最后证明定理 4.6. 由条件 $\lambda_1,\lambda_2,\cdots,\lambda_9$ 中存在一个长度为 4 的无理数和代数数环,不失一般性,不妨假设 $\lambda_2,\lambda_3,\lambda_4,\lambda_5$ 是一个长度为 4 的无理数和代数数环. 由 4.3 节的讨论可知,

$$\int_{\mathfrak{m}}|S(\lambda_1\alpha)S(\lambda_2\alpha)\cdots S(\lambda_5\alpha)|^2K(\alpha)\mathrm{d}\alpha\ll\tau P^{7-1/4+\varepsilon}.$$

从而利用公式(4.4.1),此时有

$$\begin{aligned}&\int_{\mathfrak{m}}|S(\lambda_1\alpha)S(\lambda_2\alpha)\cdots S(\lambda_9\alpha)|K(\alpha)\mathrm{d}\alpha\\ \ll&\tau^{1/2}P^{5/2+\varepsilon}\left(\int_{\mathfrak{m}}|S(\lambda_1\alpha)S(\lambda_2\alpha)\cdots S(\lambda_5\alpha)|^2K(\alpha)\mathrm{d}\alpha\right)^{1/2}\\ \ll&\tau P^{6-1/8+\varepsilon}.\end{aligned}\tag{4.4.2}$$

同样,利用引理 4.10 和引理 4.11 以及公式(4.4.2)即得定理 4.6.

4.5 本章小结

本章介绍了三次素变数丢番图逼近问题,并且证明了当系数 λ_j 无理数足够多时,几乎可以做到同二次丢番图逼近差不多程度的结果. 比较推论 3.1 和定理 4.6,它们的逼近程度都是 1/8. 这就说明系数 λ_j 的无理数性质对丢番图问题会产生本质上的影响,所以探讨系数 λ_j 的性质,从而得到更好的逼近是进一步的研究方向. 特别是对于高次丢番图逼近问题,可以通过研究系数间的相互关系来得到更好的结果.

本章只介绍了五个素数的立方和九个素数的立方问题,对于中间的六至八个素数的立方问题,也可以借助 Wooley 研究华林-哥德巴赫三次例外集的方法来进行研究,但是在一些细节上要做一些修改,具体读者可以参考

Wooley 的相关文献.

也可以立刻得到一些关于表示无穷多素数的结论,例如以下的推论.

推论 4.1 设 $\lambda_1,\lambda_2,\cdots,\lambda_5$ 是非零实数,且不全为负,λ_1/λ_2 为无理数.那么素变数多项式 $\lambda_1 p_1^3+\lambda_2 p_2^3+\lambda_3 p_3^3+\lambda_4 p_4^3+\lambda_5 p_5^3$ 的整数部分可以表示无穷多素数.

第 5 章　高次素变数丢番图逼近

本章将用 Vaughan 的方法来研究高次素变数丢番图逼近问题. 5.1 节先来介绍 Vaughan 的方法，5.2 节介绍利用 Vaughan 的方法解决一个素数和 s 个素数的 k 次幂的丢番图逼近问题. 本章中始终假设$k\geqslant 4$.

5.1　Vaughan 定理

本章中用符号 $\mathcal{U}(X)$ 或者 $\mathcal{V}(X)$ 表示由一些绝对值不超过 X 的实数构成的有限集合，并称集合 $\mathcal{U}(X)$ 是有良好间隔的，即存在常数 c，使得对于任意两个集合 $\mathcal{U}(X)$ 中的不同实数 u_1,u_2，都有 $|u_1-u_2|>c$. 如果集合 $\mathcal{U}(X)$ 中元素个数 $|\mathcal{U}(X)|>X^{\upsilon}$，称集合$\mathcal{U}(X)$ 的密度为 υ.

设 $k\geqslant 4$，再设

$$\theta=2^{1-k},4\leqslant k\leqslant 12,$$

$$\theta=(2k^2(2\log k+\log\log k+3))^{-1},k>12.$$

设 η 是一个充分小的正数，P 相对 η 是一个足够大的正数，$Q=P^{1-\eta}$，

$$f(\alpha)=\sum_{\eta P<n\leqslant P}\mathrm{e}(\alpha n^k),$$

$$L(\beta)=\int_{\eta P}^{P}\mathrm{e}(\beta x^k)\mathrm{d}x,$$

$$S(q,a)=\sum_{n=1}^{q}\mathrm{e}(an^k/q).$$

引理 5.1[79]　设自然数 $q\leqslant Q$，$(q,a)=1$，$\alpha=\beta+a/q$，且 $|\beta|\leqslant q^{-1}QP^{-k}$. 那么，有

$$|f(\alpha)-q^{-1}S(q,a)L(\beta)|\ll P^{1-1/k+\eta}\ll P^{1-\theta}.$$

引理 5.2　(1) 设 $(q_1,q_2)=(q_1,a_1)=(q_2,a_2)=1$，那么有

$$S(q_1q_2,a_1q_2+a_2q_1)=S(q_1,a_1)S(q_2,a_2).$$

(2) 设 $(q,a)=1$，那么有

$$S(q,a)\ll q^{1-1/k}.$$

进一步，若 $p\nmid ak$，那么有

$$|S(p,a)|<k\sqrt{p},$$

$$S(p^h,a)=p^{h-1},1<h\leqslant k,$$
$$S(p^h,a)=p^{k-1}S(p^{h-k},a),h>k.$$

引理 5.3(Weyl 定理)　设 $|\alpha-a/q|\leqslant q^{-2},(q,a)=1,Q<q\leqslant P^kQ^{-1}$. 那么有

$$f(\alpha)\ll P^{1-\theta+\eta}.$$

引理 5.4　设 $r\geqslant 2$，那么有

$$\int_{-1/2}^{1/2}|L(\beta)|^r\mathrm{d}\beta\ll P^{r-k}.$$

证明：由 $L(\beta)$ 的定义以及分部积分公式知，

$$|L(\beta)|\ll P\min(1,P^{-k}|\beta|^{-1}),$$

把上式代入引理中的积分即得.

引理 5.5　设 $r\geqslant k+2$，那么有

$$\sum_{1\leqslant q\leqslant Q}A_r(q)\ll 1,$$

这里

$$A_r(q)=\sum_{\substack{a=1\\(q,a)=1}}^{q}|S(q,a)|^rq^{-r}.$$

证明：由引理 5.2 知，$A_r(q)$ 是可乘的，并且显然 $A_r(1)=1$，那么有

$$\sum_{1\leqslant q\leqslant Q}A_r(q)\leqslant\prod_{1\leqslant q\leqslant Q}\Big(1+\sum_{h=1}^{\infty}A_r(p^h)\Big).\tag{5.1.1}$$

若 $p\mid k$，由引理 5.2 知，$A_r(p^h)\ll p^{-2h/k}$，因此有

$$\sum_{h=1}^{\infty}A_r(p^h)\ll 1\ll p^{-2}.$$

若 $p\nmid k$，那么由引理 5.2 知，当 $b\geqslant 0$ 时，有

$$\sum_{j=1}^{k}A_r(p^{bk+j})\ll k^rp^{1-r/2-b(r-k)}+\sum_{j=2}^{k}p^{j-r-b(r-k)}$$
$$\ll p^{-2-b(r-k)}.$$

从而可知，对任意 $1\leqslant q\leqslant Q$，都有

$$\sum_{h=1}^{\infty}A_r(p^h)\ll p^{-2}.\tag{5.1.2}$$

那么，由公式(5.1.1)和公式(5.1.2)即得引理.

定理 5.1(Vaughan)　设 $R=P^{k-\eta}$，$\mathcal{V}=\mathcal{V}(R)$ 是一个有良好间隔、密度为 υ 的实数集. 再设

$$F(\alpha)=\sum_{v\in\mathcal{V}}\mathrm{e}(\alpha v),$$
$$(l+1)\theta>k-k\upsilon,$$

$$\theta > \theta_1 > k - kv - l\theta.$$

那么有

$$\int_{-\infty}^{+\infty} \mid f(\lambda_j\alpha)^{l+1} F(\alpha)^2 \mid K(\alpha)\mathrm{d}\alpha \ll \tau P^{l+1-k} |\mathcal{V}|^2, l \geqslant k+1$$

和

$$\int_{-\infty}^{+\infty} \mid f(\lambda_j\alpha)^{l} F(\alpha)^2 \mid K(\alpha)\mathrm{d}\alpha \ll \tau P^{l+\theta_1-k} |\mathcal{V}|^2, l \geqslant k+2.$$

证明:先把实数集分成两部分.定义集合

$$\mathcal{M}_j(q,a) = \{\alpha \in \mathbb{R}: \mid \lambda_j\alpha - a/q \mid \leqslant QP^{-k}q^{-1}\},$$

$$\mathcal{M}_j = \bigcup_{\substack{1\leqslant q\leqslant Q\\(q,a)=1}} \mathcal{M}_j(q,a), \mathcal{N}_j = \mathbb{R}\setminus \mathcal{M}_j.$$

若 $\alpha \in \mathcal{N}_j$,由 Dirichlet 逼近定理知,存在整数 q,a,满足

$$\mid \lambda_j\alpha - a/q \mid \leqslant QP^{-k}q^{-1}, 1 \leqslant q \leqslant QP^{-k}, (q,a) = 1.$$

又由于 $\alpha \notin \mathcal{M}_j$,那么,必有 $q > Q$. 因此,由引理 5.3 知,

$$f(\lambda_j\alpha) \ll P^{1-\theta+\eta}. \tag{5.1.3}$$

由定理的假设 $\mathcal{V}=\mathcal{V}(R)$ 是一个有良好间隔且 $|\mathcal{V}| > R^{v}$,利用引理 1.1,得

$$\int_{-\infty}^{+\infty} \mid F(\alpha) \mid^2 K(\alpha)\mathrm{d}\alpha \ll \tau|\mathcal{V}| \ll \tau R^{-v}|\mathcal{V}|^2. \tag{5.1.4}$$

那么,由定理的条件和公式(5.1.3)、公式(5.1.4),得

$$\int_{N_j} \mid f(\lambda_j\alpha)^{l+1} F(\alpha)^2 \mid K(\alpha)\mathrm{d}\alpha \ll \tau P^{l+1-k} |\mathcal{V}|^2$$

和

$$\int_{N_j} \mid f(\lambda_j\alpha)^{l} F(\alpha)^2 \mid K(\alpha)\mathrm{d}\alpha \ll \tau P^{l+\theta_1-k} |\mathcal{V}|^2.$$

设 $r\geqslant k+2$,由引理 5.1 知

$$\int_{\mathcal{M}_j} \mid f(\lambda_j\alpha)^{r} F(\alpha)^2 \mid K(\alpha)\mathrm{d}\alpha \ll |\mathcal{V}|^2 H_1 + P^{r-r\theta} H_2,$$

这里

$$H_1 = \sum_{1\leqslant q\leqslant Q} \sum_{\substack{a=-\infty\\(q,a)=1}}^{+\infty} \mid S(q,a) \mid^r q^{-r} \int_{\mathcal{M}_j(q,a)} \mid L(\lambda_j\alpha - a/q) \mid^r K(\alpha)\mathrm{d}\alpha \tag{5.1.5}$$

和

$$H_2 = \int_{\mathcal{M}_j} \mid F(\alpha) \mid^2 K(\alpha)\mathrm{d}\alpha.$$

把式(5.1.5)中对 a 的求和分成两部分:$\mid a \mid \leqslant \tau^{-1}q$ 和 $\mid a \mid > \tau^{-1}q$,即为

$$H_1 = H'_1 + H''_1.$$

那么,由引理 5.4,有

$$H'_1 \ll \tau^2 P^{r-k} \sum_{1\leqslant q\leqslant Q} \sum_{\substack{b=1\\(b,q)=1}}^{q} \sum_{\substack{0\leqslant a\leqslant \tau^{-1}q\\ a\equiv b(\bmod q)}} |S(q,b)|^r q^{-r}$$

和

$$H''_1 \ll P^{r-k} \sum_{1\leqslant q\leqslant Q} \sum_{\substack{b=1\\(b,q)=1}}^{q} |S(q,b)|^r q^{-r} \sum_{\substack{a>\tau^{-1}q\\ a\equiv b(\bmod q)}} q^2 a^{-2}.$$

那么,由引理 5.5 得

$$H'_1 + H''_1 \ll \tau P^{r-k}.$$

又由前面的公式可知,当 $r = l+1$ 时,

$$P^{r-r\theta} H_2 \ll \tau P^{r-k} |\mathcal{V}|^2$$

以及当 $r = l$ 时,

$$P^{r-r\theta} H_2 \ll \tau P^{r+\theta_1-k} |\mathcal{V}|^2.$$

因此,有

$$\int_{\mathcal{M}_j} |f(\lambda_j\alpha)^{l+1} F(\alpha)^2| K(\alpha)\mathrm{d}\alpha \ll \tau P^{l+1-k} |\mathcal{V}|^2$$

和

$$\int_{\mathcal{M}_j} |f(\lambda_j\alpha)^{l} F(\alpha)^2| K(\alpha)\mathrm{d}\alpha \ll \tau P^{l+\theta_1-k} |\mathcal{V}|^2.$$

从而定理得证.

定理 5.2 设 $r\geqslant k/2+1, \upsilon > 1-2r\theta/k, s\geqslant 2r+2m+1, 0<\sigma<\frac{1}{5}\vartheta$,其中 $\vartheta = (2^{2k+2}(k+1))^{-1}$.再设对任意充分大的 X,都存在密度为 υ 的具有良好间隔的实数集 $\mathcal{U}_t(X)(t=1,2)$,使得集合 $\mathcal{U}_t(X)$ 中的每个元素都可以表示成

$$\sum_{j=0}^{m-1} \lambda_{2r+2j+l+1} p_j^k$$

的形式,这里 $p_j^k \leqslant X$.设 $\lambda_1,\lambda_2,\cdots,\lambda_s$ 为一组非零实数,且不全同号.$\bar{\omega}$ 为任意实数.若比值 λ_1/λ_2 为无理数.那么不等式

$$\left|\sum_{j=1}^{s} \lambda_j p_j^k + \bar{\omega}\right| < (\max p_j)^{-\sigma}$$

有无穷多组素数解.

证明:不失一般性,假定 $s = 2r+2m+1$.由于比值 λ_1/λ_2 为无理数,利用 Dirichlet 逼近定理知,存在无穷多组整数 q,a 满足

$$|\lambda_1/\lambda_2 - a/q| \leqslant q^{-2}, (q,a)=1, q\geqslant 1.$$

选取充分大的 $q\geqslant q_0(\eta)$,定义

$$P = q^{2/k}, \sigma\vartheta^{-1} < \sigma_1 < 1/5, W = P^{\sigma_1},$$
$$\tau = P^{-\sigma}, \kappa = WP^{-k}, T = P^{1/3}, R = P^{k-\eta}.$$

再定义

$$g(\alpha) = \sum_{\eta P < p \leqslant P} \mathrm{e}(\alpha p^k),$$
$$I(\alpha) = \int_{\eta P}^{P} \frac{\mathrm{e}(\alpha x^k)}{\log x} \mathrm{d}x.$$
$$F_t(\alpha) = \sum_{u \in \mathcal{U}_t(R)} \mathrm{e}(\alpha u), U_t = |\mathcal{U}_t(R)|, t = 1, 2.$$

用 $\rho = \beta + i\gamma$ 表示 Riemann Zeta 函数的非显然零点，Σ' 表示对实部 $\beta \geqslant 2/3$，虚部 $|\gamma| \leqslant T$ 的非显然零点 ρ 的求和. 接着，定义

$$\Xi_\rho(\alpha) = \sum_{\eta^k P^k < n \leqslant P^k} (\log n)^{-1} n^{-1+\rho/k} \mathrm{e}(\alpha n),$$
$$J(\alpha) = \Sigma' \Xi_\rho(\alpha),$$
$$B(\alpha) = g(\alpha) - I(\alpha) + J(\alpha).$$

利用分部积分公式，有

$$I(\alpha) \ll P\min(1, P^{-k}|\alpha|^{-1}) \tag{5.1.6}$$

利用零点密度定理（详细的证明可以参考 Vaughan 的文献），得

$$B(\alpha) \ll P^{2/3}(\log P)^C(1 + P^k|\alpha|). \tag{5.1.7}$$

$$\int_{-1/2}^{1/2} |J(\alpha)|^2 \mathrm{d}\alpha \ll P^{2-k}\exp(-2(\log P)^{1/3}), \tag{5.1.8}$$

$$\int_{-1/2}^{1/2} |I(\alpha)|^2 \mathrm{d}\alpha \ll P^{2-k}, \tag{5.1.9}$$

$$\int_{-\kappa}^{\kappa} |B(\lambda_j\alpha)|^2 \mathrm{d}\alpha \ll P^{2-k}\exp(-2(\log P)^{1/3}) \tag{5.1.10}$$

和

$$\int_{-\kappa}^{\kappa} |g(\lambda_j\alpha)|^2 \mathrm{d}\alpha \ll P^{2-k}. \tag{5.1.11}$$

为了书写方便，记

$$\Psi(\alpha) = \prod_{j=1}^{2r+1} g(\lambda_j\alpha)$$

和

$$\Psi^*(\alpha) = \prod_{j=1}^{2r+1} I(\lambda_j\alpha).$$

利用引理 1.1，要计算定理 5.2 中的不等式就转化为计算下面的积分

$$\int_{-\infty}^{+\infty} \Psi(\alpha) F_1(\alpha) F_2(\alpha) \mathrm{e}(\bar{\omega}\alpha) K(\alpha) \mathrm{d}\alpha.$$

把实数集分成 4 部分：

$$E_1=\{\alpha:|\alpha|\leqslant\kappa\};$$
$$E_2=\{\alpha:\kappa<|\alpha|\leqslant W,|g(\lambda_1\alpha)|\leqslant|g(\lambda_2\alpha)|\};$$
$$E_3=\{\alpha:\kappa<|\alpha|\leqslant W,|g(\lambda_1\alpha)|>|g(\lambda_2\alpha)|\};$$
$$E_4=\{\alpha:|\alpha|>W\}.$$

现在来估计 E_1 上的积分. 首先,证明

$$\int_{E_1}|\Psi(\alpha)-\Psi^*(\alpha)|F_1(\alpha)F_2(\alpha)K(\alpha)\mathrm{d}\alpha$$
$$\ll\tau^2U_1U_2P^{2r+1-k}\exp(-(\log P)^{1/3}).\tag{5.1.12}$$

注意到

$$g(\lambda_j\alpha)\ll P,I(\lambda_j\alpha)\ll P,$$

并且利用 $\Psi(\alpha)$ 和 $\Psi^*(\alpha)$ 的定义知,

$$\Psi(\alpha)-\Psi^*(\alpha)=\sum_{j=1}^{2r+1}\Big(\prod_{h=1}^{j-1}g(\lambda_h\alpha)\Big)(B(\lambda_j\alpha)-J(\lambda_j\alpha))\Big(\prod_{h=j+1}^{2r+1}I(\lambda_h\alpha)\Big).$$

那么,由 Cauchy-Schwarz 不等式和公式(5.1.6)~公式(5.1.11)得

$$\int_{E_1}|\Psi(\alpha)-\Psi^*(\alpha)|F_1(\alpha)F_2(\alpha)K(\alpha)\mathrm{d}\alpha$$
$$\ll\tau^2U_1U_2P^{2r-1}\sum_{j=1}^{2r+1}\sum_{h=1}^{2r+1}\int_{-\kappa}^{\kappa}|B(\lambda_j\alpha)-J(\lambda_j\alpha)|(|g(\lambda_h\alpha)|+|I(\lambda_h\alpha)|)\mathrm{d}\alpha$$
$$\ll\tau^2U_1U_2P^{2r+1-k}\exp(-(\log P)^{1/3}).$$

从而公式(5.1.12)得证.

又由于 $I(\alpha)$ 的上界估计(5.1.6),易知

$$\int_{|\alpha|>\kappa}|\Psi^*(\alpha)|F_1(\alpha)F_2(\alpha)K(\alpha)\mathrm{d}\alpha$$
$$\ll\tau^2U_1U_2P^{2r+1-k}(\log P)^{-2r-2}.\tag{5.1.13}$$

下面来证明

$$\int_{-\infty}^{+\infty}\Psi^*(\alpha)F_1(\alpha)F_2(\alpha)\mathrm{e}(\tilde{\omega}\alpha)K(\alpha)\mathrm{d}\alpha$$
$$\gg\tau^2U_1U_2P^{2r+1-k}(\log P)^{-2r-1}.\tag{5.1.14}$$

利用引理 1.1,得

$$\int_{-\infty}^{+\infty}\Psi^*(\alpha)F_1(\alpha)F_2(\alpha)\mathrm{e}(\tilde{\omega}\alpha)K(\alpha)\mathrm{d}\alpha$$
$$=\sum_{u_1}\sum_{u_2}\int_{\mathcal{B}}\frac{z_1^{-1+1/k}\cdots z_{2r+1}^{-1+1/k}}{(\log z_1)\cdots(\log z_{2r+1})}A\Big(\sum_{j=1}^{2r+1}\lambda_jz_j+u_1+u_2+\tilde{\omega}\Big)\mathrm{d}z_1\cdots\mathrm{d}z_{2r+1},\tag{5.1.15}$$

这里多面体 $\mathcal{B}$是 $2r+1$ 个区间 $\eta^kP^k\leqslant z_j\leqslant P^k$ 的笛卡尔积. 设实数 ζ 满足

$$|\zeta|\leqslant 3R.$$

又由于 $\lambda_1,\lambda_2,\cdots,\lambda_s$ 为一组非零实数,且不全同号,假定 $\lambda_h\lambda_l<0$. 如果

$$2\eta\left|\frac{\lambda_h}{\lambda_l}\right|P^k \leqslant z_l \leqslant 3\eta\left|\frac{\lambda_h}{\lambda_l}\right|P^k$$

和

$$\eta^2 P^k \leqslant z_j \leqslant 2\eta^2 P^k, 1 \leqslant j \leqslant 2r+1, j \neq h, j \neq l,$$

那么，必有

$$\eta P^k + \frac{1}{2}\tau \mid \lambda_h \mid^{-1} \leqslant -\Big(\zeta + \sum_{\substack{j=1 \\ j\neq h}}^{2r+1}\lambda_j z_j\Big)\lambda_h^{-1} \leqslant P^k - \frac{1}{2}\tau \mid \lambda_h \mid^{-1}.$$

从而可知，多面体 $\mathcal{B}$ 必含有一个体积大于等于 τP^{2rk} 的多面体 $\mathcal{B}'$，那么对于任意 $(z_1, \cdots, z_{2r+1}) \in \mathcal{B}', u_t \in \mathcal{U}_t$，都有

$$\Big|\sum_{j=1}^{2r+1}\lambda_j z_j + u_1 + u_2 + \tilde{\omega}\Big| \leqslant \frac{1}{2}\tau.$$

这就意味着公式(5.1.15)中后面的积分有下界

$$\tau^2 (P^{1-k})^{2r+1}(\log P)^{-2r-1}P^{2rk} = \tau^2 P^{2r+1-k}(\log P)^{-2r-1}.$$

从而公式(5.1.14)得证. 那么由公式(5.1.12)～公式(5.1.14)，得

$$\int_{E_1}\Psi(\alpha)F_1(\alpha)F_2(\alpha)\mathrm{e}(\tilde{\omega}\alpha)K(\alpha)\mathrm{d}\alpha \gg \tau^2 U_1 U_2 P^{2r+1-k}(\log P)^{-2r-1}. \tag{5.1.16}$$

下面估计 E_2 和 E_3 上的积分. 首先，回忆下经典的 Vinogradov 素变数三角和的上界估计. 设 $\mid \alpha - m/n \mid \leqslant n^{-2}, (m,n) = 1$,

$$Y = \min(X^{1/3}, n, X^k n^{-1}),$$
$$\log Y \geqslant 2^{6k-2}(2k+1)\log\log X.$$

那么

$$\sum_{p\leqslant X}\mathrm{e}(\alpha p^k) \ll XY^{-\vartheta},$$

这里 $\vartheta = (2^{2k+2}(k+1))^{-1}$. 利用上面的 Vinogradov 素变数三角和的上界估计，很容易证明：对 $h = 2,3, \alpha \in E_h$，都有

$$g_{h-1}(\alpha) \ll \tau P(\log P)^{-2r-2}. \tag{5.1.17}$$

那么，由上面的公式(5.1.17)和定理 5.1 知，有

$$\int_{E_2} \mid \Psi(\alpha)F_1(\alpha)F_2(\alpha) \mid K(\alpha)\mathrm{d}\alpha$$
$$\ll \tau P(\log P)^{-2r-2}\int_{-\infty}^{+\infty}\Big(\prod_{j=2}^{2r+1} \mid g(\lambda_j\alpha) \mid\Big) \mid F_1(\alpha)F_2(\alpha) \mid K(\alpha)\mathrm{d}\alpha$$
$$\ll \tau P(\log P)^{-2r-2}\Big(\prod_{j=2}^{r+1}\int_{-\infty}^{+\infty} \mid g(\lambda_j\alpha) \mid^{2r} \mid F_1(\alpha) \mid^2 K(\alpha)\mathrm{d}\alpha\Big)^{1/(2r)}$$
$$\times\Big(\prod_{j=r+2}^{2r+1}\int_{-\infty}^{+\infty} \mid g(\lambda_j\alpha) \mid^{2r} \mid F_2(\alpha) \mid^2 K(\alpha)\mathrm{d}\alpha\Big)^{1/(2r)}$$

$$\ll \tau^2 P^{2r+1-k}(\log P)^{-2r-2}U_1U_2.$$

同理也可估计 E_3 上的积分. 所以对于 $h=2,3$，有

$$\int_{E_h} |\Psi(\alpha)F_1(\alpha)F_2(\alpha)| K(\alpha)\mathrm{d}\alpha \ll \tau^2 P^{2r+1-k}(\log P)^{-2r-2}U_1U_2. \tag{5.1.18}$$

下面估计 E_4 上的积分. 利用 Holder 不等式知，

$$\begin{aligned}&\int_{E_4} |\Psi(\alpha)F_1(\alpha)F_2(\alpha)| K(\alpha)\mathrm{d}\alpha \\ &\ll P\Big(\prod_{j=2}^{r+1}\int_{\xi}^{+\infty} |g(\lambda_j\alpha)|^{2r} |F_1(\alpha)|^2 K(\alpha)\mathrm{d}\alpha\Big)^{1/(2r)} \\ &\times\Big(\prod_{j=r+2}^{2r+1}\int_{\xi}^{+\infty} |g(\lambda_j\alpha)|^{2r} |F_2(\alpha)|^2 K(\alpha)\mathrm{d}\alpha\Big)^{1/(2r)}\end{aligned}$$

又由定理 5.1 知，

$$\begin{aligned}&\int_{\xi}^{+\infty} |g(\lambda_j\alpha)|^{2r} |F_1(\alpha)|^2 K(\alpha)\mathrm{d}\alpha \\ &\ll \sum_{m=[\xi]}^{+\infty}\frac{1}{m^2}\int_{-1}^{1} |g(\lambda_j\alpha)|^{2r} |F_1(\alpha)|^2 \mathrm{d}\alpha \\ &\ll P^{2r-k}U_1U_2\xi^{-1} \\ &\ll \tau^2 P^{2r-k-\varepsilon}U_1U_2.\end{aligned}$$

从而可知，

$$\int_{E_4} |\Psi(\alpha)F_1(\alpha)F_2(\alpha)| K(\alpha)\mathrm{d}\alpha \ll \tau^2 P^{2r+1-k-\varepsilon}U_1U_2. \tag{5.1.19}$$

那么组合公式(5.1.16)、公式(5.1.18)和公式(5.1.19)得

$$\int_{-\infty}^{+\infty} \Psi(\alpha)F_1(\alpha)F_2(\alpha)\mathrm{e}(\tilde{\omega}\alpha)K(\alpha)\mathrm{d}\alpha \gg \tau^2 U_1U_2P^{2r+1-k}(\log P)^{-2r-1}.$$

那么由引理 1.1 知,不等式

$$\Big|\sum_{j=1}^{s}\lambda_j p_j^k + \tilde{\omega}\Big| < (\max p_j)^{-\sigma}$$

有无穷多组素数解. 从而定理得证.

5.2　一个素数和 s 个素数的 k 次幂

设整数 $k \geqslant 4$, $\sigma(k) = (3 \cdot 2^{k-1})^{-1}$. 再设 $\lambda_0, \lambda_1, \lambda_2, \cdots, \lambda_s$ 为一组非零实数,且不全同号,比值 λ_1/λ_2 为无理数. $\tilde{\omega}$ 为任意实数. 引入依赖 k 的参数 m 和 r,关于参数 m 和 r 的详细描述可以参考文献[81],这里仅给出当 $4 \leqslant k \leqslant 10$ 时, m 和 r 的值,见表 5.1.

表 5.1　当 $4 \leqslant k \leqslant 10$ 时，m 和 r 的值

k	4	5	6	7	8	9	10
m	4	8	13	19	28	40	51
r	3	4	5	8	9	8	10

定义 $H(k) = m + r + 1$，事实上，这里的 $H(k) = [\mathcal{D}(k)/2] + 1$，

$$\mathcal{D}(k) = 2k + 2[(-\log 2\theta + \log(1 - 2/k))/(-\log(1 - 1/k))] + 7.$$

显然，有 $H(k) \ll k \log k$. 下面列出 $3 \leqslant k \leqslant 10$ 时 $H(k)$ 的取值，见表 5.2.

表 5.2　$H(k)$ 在 $3 \leqslant k \leqslant 10$ 时的取值

k	3	4	5	6	7	8	9	10
$H(k)$	5	8	13	19	28	38	49	62

设 η 是一个充分小的正数，P 相对 η 是一个足够大的正数，$X = P^k$. 在本节中，一直假设集合 $\mathcal{U} = \mathcal{U}(X^{1-\eta})$ 有良好的间隔、密度为 υ，并且 $\mathcal{U}$ 中每个元素都可以表示成下面和式

$$\sum_{j=r+1}^{H(k)} \lambda_j p_j^k,$$

其中 $p_j^k \leqslant X^{1-\eta}$.

定理 5.3　设整数 $k \geqslant 4$，$s = H(k)$，$\lambda_0, \lambda_1, \lambda_2, \cdots, \lambda_s$ 为一组非零实数，且不全同号. $\bar{\omega}$ 为任意实数. 若比值 λ_0/λ_1 为无理数. 那么对于任意 $\varepsilon > 0$，素变数不等式

$$\left| \lambda_0 p_0 + \lambda_1 p_1^k + \lambda_1 p_1^k + \cdots + \lambda_s p_s^k + \bar{\omega} \right| < \left(\max_{1 \leqslant j \leqslant s} p_j \right)^{-\sigma(k)+\varepsilon}$$

有无穷多组素数解 $p_0, p_1, p_2, \cdots, p_s$.

推论 5.1　设整数 $k \geqslant 4$，$s = H(k)$，$\lambda_1, \lambda_2, \cdots, \lambda_s$ 为一组非零实数，且不全为负. 若比值 λ_1/λ_2 为无理数. 那么素变数多项式

$$\lambda_1 p_1^k + \lambda_1 p_1^k + \cdots + \lambda_s p_s^k$$

的整数部分可以表示无穷多素数.

设 $0 < \tau < 1$，区间 $\mathcal{I}_0 = [\eta X, X]$，$\mathcal{I}_j = [\eta^{1/k} P, P]$，$j \geqslant 1$. 定义

$$S_0(\alpha) = \sum_{p \in \mathcal{I}_0} (\log p) e(\alpha \lambda_0 p), \quad S_j(\alpha) = \sum_{p \in \mathcal{I}_j} (\log p) e(\alpha \lambda_j p^k),$$

$$I_0(\alpha) = \int_{\mathcal{I}_0} e(\alpha \lambda_0 x) dx, \quad I_j(\alpha) = \int_{\mathcal{I}_j} e(\alpha \lambda_j x^k) dx$$

$$V_0(\alpha)=\sum_{n\in\mathcal{I}_0}\mathrm{e}(\alpha\lambda_0 n),V_j(\alpha)=\sum_{n\in\mathcal{I}_j}\mathrm{e}(\alpha\lambda_j n^k),$$

$$U(\alpha)=\sum_{u\in\mathcal{U}}\mathrm{e}(\alpha u).$$

那么,由分部积分易知

$$I_0(\alpha)\ll\min(X,|\alpha|^{-1}),\tag{5.2.1}$$

$$I_j(\alpha)\ll\min(P,P^{1-k}|\alpha|^{-1}),j\geqslant 1.\tag{5.2.2}$$

为了书写方便,对 $i\geqslant 0$,记

$$\Pi_i(\alpha)=\prod_{j=i}^{r+1}S_j(\alpha),\Psi_i(\alpha)=\prod_{j=i}^{r+1}I_j(\alpha),\log\boldsymbol{p}=\prod_{j=0}^{r+1}\log p_j,$$

$$J(\Re)=\int_{\Re}\Pi_0(\alpha)U(\alpha)K(\alpha)\mathrm{e}(\tilde{\omega}\alpha)\mathrm{d}\alpha,$$

这里 $\Re$ 是实数集上的一个 Lebesgue 可测集.

那么由引理 1.1 知,

$$\begin{aligned}
&\mathcal{J}(\mathbb{R})\\
&=\int_{\mathbb{R}}\Pi_0(\alpha)U(\alpha)K(\alpha)\mathrm{e}(\tilde{\omega}\alpha)\mathrm{d}\alpha\\
&=\sum_{u\in\mathcal{U}}\sum_{p_j\in\mathcal{I}_j}(\log\boldsymbol{p})\int_{\mathbb{R}}\mathrm{e}(\alpha(\lambda_0p_0+\lambda_1p_1^k+\cdots+\lambda_{r+1}p_{r+1}^k+u+\tilde{\omega}))K(\alpha)\mathrm{d}\alpha\\
&\leqslant(\log X)^{r+2}\sum_{u\in\mathcal{U}}\sum_{p_j\in\mathcal{I}_j}A(\lambda_0p_0+\lambda_1p_1^k+\cdots+\lambda_{r+1}p_{r+1}^k+u+\tilde{\omega})\\
&\leqslant\tau(\log X)^{r+2}\mathcal{N}(\tilde{\omega},X),
\end{aligned}$$

这里 $\mathcal{N}(\tilde{\omega},X)$ 表示素变数不等式

$$|\lambda_0p_0+\lambda_1p_1^k+\cdots+\lambda_{r+1}p_{r+1}^k+u+\tilde{\omega}|<\tau,p_j\in\mathcal{I}_j,j\geqslant 0,u\in\mathcal{U}$$

的解的个数.

为了估计上面的积分 $\mathcal{J}(\mathbb{R})$,把实数集分成三部分:主区间 $\mathfrak{M}$、余区间 $\mathfrak{m}$ 和平凡区间 $\mathfrak{t}$,这里

$$\mathfrak{M}=\{\alpha:|\alpha|\leqslant\phi\},\mathfrak{m}=\{\alpha:\phi<|\alpha|\leqslant\xi\},\mathfrak{t}=\{\alpha:|\alpha|>\xi\},$$

其中 $\phi=P^{-k+5/6-\varepsilon},\xi=\tau^{-2}P^{2\varepsilon}$.

为了更好地估计在三个区间上的积分,下面先来证明几个必要的引理.

引理 5.6 设 $X\geqslant Z\geqslant X^{4/5+\varepsilon}$ 和 $|S_0(\alpha)|>Z$. 那么存在 $q\in\mathbb{N},a\in\mathbb{Z}$ 满足

$$(q,a)=1,1\leqslant q\ll(X/Z)^2X^{\varepsilon},|q\lambda_0\alpha-a|\ll(X/Z)^2X^{\varepsilon-1}.$$

证明:令 $Q=X^{1-\varepsilon}(Z/X)^2$,那么由 Dirichlet 逼近定理知,存在 $q\in\mathbb{N}$, $a\in\mathbb{Z}$ 满足

$$(q,a)=1,1\leqslant q\leqslant Q,|q\lambda_0\alpha-a|\leqslant Q^{-1}=(X/Z)^2X^{\varepsilon-1}.$$

由引理 1.6 和假设 $Z\geqslant X^{4/5+\varepsilon}$ 得

$$X^{4/5+\varepsilon} \leqslant Z < |S_0(\alpha)| \ll (\log X)^5 (X^{1/2} q^{1/2} + X^{4/5} + Xq^{-1/2}).$$

又由于 $q \leqslant Q = X^{1-\varepsilon}(Z/X)^2$，得

$$1 \leqslant q \ll (X/Z)^2 X^{\varepsilon}.$$

从而引理得证.

引理 5.7 设 $P \geqslant Z \geqslant P^{1-\sigma(k)+\varepsilon}$ 和 $|S_j(\alpha)| > Z, j \geqslant 1$. 那么存在 $q \in \mathbb{N}, a \in \mathbb{Z}$满足

$$(q,a) = 1, 1 \leqslant q \ll (P/Z)^2 P^{\varepsilon}, \ |q\lambda_j\alpha - a| \ll (P/Z)^2 P^{\varepsilon-k}.$$

证明:设 $Q' = P^{k-\varepsilon}(Z/P)^2$，那么由 Dirichlet 逼近定理知，存在 $q \in \mathbb{N}$，$a \in \mathbb{Z}$满足

$$(q,a) = 1, 1 \leqslant q \leqslant Q',$$

$$|q\lambda_0\alpha - a| \leqslant Q'^{-1} = (P/Z)^2 P^{\varepsilon-1} \ll P^{-k+2\sigma(k)+\varepsilon} \ll P^{-(k^2-2k\sigma(k))/(2k-1)}.$$

那么由引理 1.9 和假设 $Z \geqslant P^{1-\sigma(k)+\varepsilon}$ 得

$$P^{1-\sigma(k)+\varepsilon} \leqslant Z < |S_j(\alpha)| \ll P^{1-\sigma(k)+\varepsilon/2} + \frac{P^{1+\varepsilon/2}}{(q + P^k |q\lambda_j\alpha - a|)^{1/2}}.$$

从而可知

$$1 \leqslant q \ll (P/Z)^2 P^{\varepsilon}.$$

从而引理得证.

由 5.1 节的定理 5.1，可以得到下面的引理.

引理 5.8 设整数 $k \geqslant 4$，集合$\mathcal{U} = \mathcal{U}(X^{1-\eta})$ 有良好的间隔且密度为 υ，对任意 $1 \leqslant j \leqslant r+1$，有

$$\int_{-\infty}^{+\infty} |S_j^r(\alpha) U(\alpha)|^2 K(\alpha) \mathrm{d}\alpha \ll \tau |\mathcal{U}|^2 P^{2r-k+\varepsilon}$$

和

$$\int_{-1}^{1} |S_j^r(\alpha) U(\alpha)|^2 \mathrm{d}\alpha \ll |\mathcal{U}|^2 P^{2r-k+\varepsilon}.$$

由第 3 章引理 3.5 和引理 3.6，可以得到下面的引理.

引理 5.9 对 $1 \leqslant j \leqslant r+1$，任意固定实数 $A \geqslant 6$，有

$$\int_{-\phi}^{\phi} |S_0(\alpha) - V_0(\alpha)|^2 \mathrm{d}\alpha \ll X(\log X)^{-A}$$

和

$$\int_{-\phi}^{\phi} |S_j(\alpha) - V_j(\alpha)|^2 \mathrm{d}\alpha \ll P^{2-k}(\log P)^{-A}.$$

引理 5.10 有

$$\int_{-1}^{1} |S_0(\alpha)|^2 \mathrm{d}\alpha \ll X(\log X),$$

$$\int_{-\infty}^{+\infty} |S_0(\alpha)|^2 K(\alpha) \mathrm{d}\alpha \ll \tau X(\log X),$$

$$\int_{-1}^{1}|I_j(\alpha)|^l \mathrm{d}\alpha \ll P^{l-k}, l \geqslant 2.$$

证明:第一个估计由 Parseval 恒等式以及素数定理即得;第二个估计由引理 1.1 和素数定理即得.第三个估计应用 $I_j(\alpha) \ll \min(P, P^{1-k}|\alpha|^{-1})$ 代入积分即得.

5.2.1 主区间

下面估计主区间上的积分 $\mathcal{J}(\mathfrak{M})$，首先把被积函数中的 $S_j(\alpha)$ 替换成 $I_j(\alpha)$ 项.显然有

$$\begin{aligned}
&\mathcal{J}(\mathfrak{M})\\
&=\int_{\mathfrak{M}}\Psi_0(\alpha)U(\alpha)K(\alpha)\mathrm{e}(\tilde{\omega}\alpha)\mathrm{d}\alpha\\
&\quad+\int_{\mathfrak{M}}(S_0(\alpha)-I_0(\alpha))\Psi_1(\alpha)U(\alpha)K(\alpha)\mathrm{e}(\tilde{\omega}\alpha)\mathrm{d}\alpha\\
&\quad+\sum_{l=1}^{r+1}\int_{\mathfrak{M}}S_0(\alpha)\Big(\prod_{j=1}^{l-1}S_j(\alpha)\Big)(S_l(\alpha)-I_l(\alpha))\Big(\prod_{t=l+1}^{r+1}I_t(\alpha)\Big)U(\alpha)K(\alpha)\mathrm{e}(\tilde{\omega}\alpha)\mathrm{d}\alpha\\
&=:J^*+J_0+\sum_{l=1}^{r+1}J_l.
\end{aligned}$$

下面分几个小节来分别估计 J^*,J_0 和 J_l.分别证明 $J^* \gg \tau^2|\mathcal{U}|P^{r+1}$;$J_j=o(\tau^2|\mathcal{U}|P^{r+1})$,$0\leqslant j\leqslant r+1$.又由于 $J_j(1\leqslant j\leqslant r+1)$ 的证明类似,这里只写出 J_1 和 J_{r+1} 的证明.

(1) J^* 的下界.

注意到

$$J^*=\int_{-\infty}^{+\infty}\Psi_0(\alpha)U(\alpha)K(\alpha)\mathrm{e}(\tilde{\omega}\alpha)\mathrm{d}\alpha+O\Big(\int_{\phi}^{+\infty}|\Psi_0(\alpha)U(\alpha)|K(\alpha)\mathrm{d}\alpha\Big). \tag{5.2.3}$$

由公式(5.2.1)和公式(5.2.2)得,上面的误差项的估计

$$\begin{aligned}
&\int_{\phi}^{+\infty}|\Psi_0(\alpha)U(\alpha)|K(\alpha)\mathrm{d}\alpha\\
&\ll\tau^2|\mathcal{U}|P^{r+1-(r+1)k}\int_{\phi}^{+\infty}\frac{1}{\alpha^{r+2}}\mathrm{d}\alpha\\
&\ll\tau^2|\mathcal{U}|P^{r+1-(r+1)k}\phi^{-(r+1)}\\
&=o(\tau^2|\mathcal{U}|P^{r+1}).
\end{aligned} \tag{5.2.4}$$

下面来证明

$$\int_{-\infty}^{+\infty}\Psi_0(\alpha)U(\alpha)K(\alpha)\mathrm{e}(\tilde{\omega}\alpha)\mathrm{d}\alpha\gg\tau^2|\mathcal{U}|P^{r+1}. \tag{5.2.5}$$

由引理 1.1 得

$$\begin{aligned}
&\int_{-\infty}^{+\infty}\Psi_0(\alpha)U(\alpha)K(\alpha)\mathrm{e}(\tilde{\omega}\alpha)\mathrm{d}\alpha\\
&=\sum_{u\in\mathcal{U}}\int_{\mathcal{I}_0}\int_{\mathcal{I}_1}\cdots\int_{\mathcal{I}_{r+1}}\int_{-\infty}^{+\infty}\mathrm{e}(\alpha(\lambda_0x_0+\lambda_1x_1^k+\cdots+\lambda_{r+1}x_{r+1}^k+u+\tilde{\omega}))\\
&\quad\times K(\alpha)\mathrm{d}\alpha\mathrm{d}x_0\mathrm{d}x_1\cdots\mathrm{d}x_{r+1}\\
&=\frac{1}{k^{r+1}}\sum_{u\in\mathcal{U}}\int_{\mathcal{B}}\int_{-\infty}^{+\infty}\mathrm{e}(\alpha(\lambda_0y_0+\lambda_1y_1+\cdots+\lambda_{r+1}y_{r+1}+u+\tilde{\omega}))\\
&\quad\times(y_1\cdots y_{r+1})^{1/k-1}K(\alpha)\mathrm{d}\alpha\mathrm{d}y_0\mathrm{d}y_1\cdots\mathrm{d}y_{r+1}\\
&=\frac{1}{k^{r+1}}\sum_{u\in\mathcal{U}}\int_{\mathcal{B}}A(\lambda_0y_0+\lambda_1y_1+\cdots+\lambda_{r+1}y_{r+1}+u+\tilde{\omega})\\
&\quad\times(y_1\cdots y_{r+1})^{1/k-1}\mathrm{d}y_0\mathrm{d}y_1\cdots\mathrm{d}y_{r+1},
\end{aligned}$$

这里 $\mathcal{B}$是 $r+2$ 个小区间 $\eta X\leqslant y_j\leqslant X, 0\leqslant j\leqslant r+1$ 的笛卡尔积. 又由于 $\lambda_0,\lambda_1,\lambda_2,\cdots,\lambda_s$ 为一组非零实数, 且不全同号, 不失一般性, 假设 $\lambda_0<0$, $\lambda_1>0$. 注意到 $u\ll X^{1-\eta}$. 那么考虑多面体

$$\mathcal{B}'=\{(y_1,\cdots,y_{r+1}):\eta^{1/2}X\leqslant y_1\leqslant 4\eta^{1/2}X, 2\eta X\leqslant y_j\leqslant 4\eta X, 2\leqslant j\leqslant r+1\},$$

显然它的体积 $V\gg X^{r+1}$. 由于 η 充分小, 那么对于任意 $(y_1,\cdots,y_{r+1})\in\mathcal{B}'$, 都有

$$2\eta X<\frac{\lambda_1y_1+\cdots+\lambda_{r+1}y_{r+1}+u+\tilde{\omega}}{-\lambda_0}<\frac{1}{2}X.$$

因此, 关于 y_0 的不等式

$$|\lambda_0y_0+\lambda_1y_1+\cdots+\lambda_{r+1}y_{r+1}+u+\tilde{\omega}|<\tau/2$$

的解集一定落在区间 $[\eta X, X]$ 里. 从而可知,

$$\begin{aligned}
&\int_{-\infty}^{+\infty}\Psi_0(\alpha)U(\alpha)K(\alpha)\mathrm{e}(\tilde{\omega}\alpha)\mathrm{d}\alpha\\
&\gg|\mathcal{U}|(X^{r+1})^{1/k-1}\tau^2X^{r+1}\\
&=\tau^2|\mathcal{U}|P^{r+1}.
\end{aligned}$$

这就证明了式(5.2.5). 由式(5.2.3)～式(5.2.5)式即得

$$J^*\gg\tau^2|\mathcal{U}|P^{r+1}. \tag{5.2.6}$$

(2) J_0 的上界.

由 $V_j(\alpha)$ 和 $I_j(\alpha)$ 的定义以及 Euler 求和公式得

$$|V_j(\alpha)-I_j(\alpha)|\ll 1+|\alpha|X, 0\leqslant j\leqslant r+1. \tag{5.2.7}$$

那么, 由公式(5.2.7)以及引理 5.9 和引理 5.10, 有

$$\begin{aligned}
J_0&\ll\tau^2|\mathcal{U}|P^r\int_{\mathfrak{M}}(|S_0(\alpha)-V_0(\alpha)|+|V_0(\alpha)-I_0(\alpha)|)|I_1(\alpha)|\mathrm{d}\alpha\\
&\ll\tau^2|\mathcal{U}|P^r\left(\int_{\mathfrak{M}}|S_0(\alpha)-V_0(\alpha)|^2\mathrm{d}\alpha\right)^{1/2}\left(\int_{\mathfrak{M}}|I_1(\alpha)|^2\mathrm{d}\alpha\right)^{1/2}
\end{aligned}$$

$$+\tau^2|\mathcal{U}|P^{r+1}\int_{\mathfrak{M}}|V_0(\alpha)-I_0(\alpha)|\mathrm{d}\alpha$$

$$\ll\tau^2|\mathcal{U}|P^rX^{1/2}(\log X)^{-A/2}P^{1-k/2}+\tau^2|\mathcal{U}|P^{r+1}\int_{\mathfrak{M}}(1+|\alpha|X)\mathrm{d}\alpha$$

$$=o(\tau^2|\mathcal{U}|P^{r+1}).$$

(3) J_1 的上界.

由公式(5.2.7)以及引理 5.9 和引理 5.10,有

$$J_1\ll\tau^2\int_{\mathfrak{M}}|S_0(\alpha)|(|S_1(\alpha)-V_1(\alpha)|+|V_1(\alpha)-I_1(\alpha)|)|\Psi_2(\alpha)U(\alpha)|\mathrm{d}\alpha$$

$$\ll\tau^2|\mathcal{U}|P^r\left(\int_{\mathfrak{M}}|S_1(\alpha)-V_1(\alpha)|^2\mathrm{d}\alpha\right)^{1/2}\left(\int_{\mathfrak{M}}|S_0(\alpha)|^2\mathrm{d}\alpha\right)^{1/2}$$

$$+\tau^2|\mathcal{U}|(1+\phi X)\left(\int_{\mathfrak{M}}|S_0(\alpha)|^2\mathrm{d}\alpha\right)^{1/2}\left(\int_{\mathfrak{M}}|\Psi_2(\alpha)|^2\mathrm{d}\alpha\right)^{1/2}$$

$$\ll\tau^2|\mathcal{U}|P^rX^{1/2}P^{1-k/2}(\log P)^{-A/2}+\tau^2|\mathcal{U}|\phi XX^{1/2+\varepsilon}P^{r-k/2}$$

$$\ll\tau^2|\mathcal{U}|P^{r+1}(\log P)^{-A/2}+\tau^2|\mathcal{U}|P^{r+5/6+\varepsilon}$$

$$=o(\tau^2|\mathcal{U}|P^{r+1}).$$

(4) J_{r+1} 的上界.

由 $K(\alpha)$ 的定义知

$$J_{r+1}\ll\tau^2\int_{\mathfrak{M}}|S_0(\alpha)S_1(\alpha)\cdots S_r(\alpha)U(\alpha)||S_{r+1}(\alpha)-V_{r+1}(\alpha)|\mathrm{d}\alpha$$

$$+\tau^2\int_{\mathfrak{M}}|S_0(\alpha)S_1(\alpha)\cdots S_r(\alpha)U(\alpha)||V_{r+1}(\alpha)-I_{r+1}(\alpha)|\mathrm{d}\alpha$$

$$=:\tau^2(A_{r+1}+B_{r+1}).$$

下面分别估计 A_{r+1} 和 B_{r+1}. 由引理 5.9 和引理 5.10 知,

$$A_{r+1}\ll|\mathcal{U}|P^r\int_{\mathfrak{M}}|S_0(\alpha)||S_{r+1}(\alpha)-V_{r+1}(\alpha)|\mathrm{d}\alpha$$

$$\ll|\mathcal{U}|P^r\left(\int_{\mathfrak{M}}|S_{r+1}(\alpha)-V_{r+1}(\alpha)|^2\mathrm{d}\alpha\right)^{1/2}\left(\int_{\mathfrak{M}}|S_0(\alpha)|^2\mathrm{d}\alpha\right)^{1/2}$$

$$\ll|\mathcal{U}|P^rX^{1/2}(\log X)^{1/2}P^{1-k/2}(\log P)^{-A/2}$$

$$=o(\tau^2|\mathcal{U}|P^{r+1}).$$

同样,由公式(5.2.7)以及由引理 5.9 和引理 5.10 知,

$$B_{r+1}\ll\int_{\mathfrak{M}}|S_0(\alpha)S_1(\alpha)\cdots S_r(\alpha)U(\alpha)|(1+|\alpha|X)\mathrm{d}\alpha$$

$$\ll(1+\phi X)\int_{\mathfrak{M}}|S_0(\alpha)S_1(\alpha)\cdots S_r(\alpha)U(\alpha)|\mathrm{d}\alpha$$

$$\ll(1+\phi X)\left(\int_{-1}^{1}|S_0(\alpha)|^2\mathrm{d}\alpha\right)^{1/2}\prod_{j=1}^{r}\left(\int_{-1}^{1}|S_j^r(\alpha)U(\alpha)|^2\mathrm{d}\alpha\right)^{1/(2r)}$$

$$\ll(1+\phi X)(X\log X)^{1/2}|\mathcal{U}|P^{r-k/2+\varepsilon}$$

$$\ll |\mathcal{U}| P^{r+5/6+\varepsilon} = o(\tau^2 |\mathcal{U}| P^{r+1}).$$

从而可知,有 $J_{r+1} = o(\tau^2 |\mathcal{U}| P^{r+1})$.

综上所述,得主区间上的积分估计.

引理 5.11　有

$$\int_{\mathfrak{M}} \Psi_0(\alpha) U(\alpha) K(\alpha) \mathrm{e}(\tilde{\omega}\alpha) \mathrm{d}\alpha \gg \tau^2 |\mathcal{U}| P^{r+1}.$$

5.2.2　余区间

设 a/q 是无理数 λ_0/λ_1 的有理逼近,此时,确定前面选取的充分大的正数 $P = q^{1/(k-2/3-2\sigma(k)-(k+2)\varepsilon)}$.

设 $\mathfrak{m}' = \mathfrak{m}_1 \cup \mathfrak{m}_2, \hat{\mathfrak{m}} = \mathfrak{m} \backslash \mathfrak{m}'$, 这里

$$\mathfrak{m}_1 = \{\alpha \in \mathfrak{m}: | S_0(\alpha) | \leqslant X^{1-1/(3k)+\varepsilon}\},$$

$$\mathfrak{m}_2 = \{\alpha \in \mathfrak{m}: | S_1(\alpha) | \leqslant P^{1-\sigma(k)+\varepsilon}\}.$$

那么,由引理 5.8 和引理 5.10 以及华罗庚不等式,得

$$\int_{\mathfrak{m}_1} \prod\nolimits_0(\alpha) U(\alpha) K(\alpha) \mathrm{e}(\tilde{\omega}\alpha) \mathrm{d}\alpha$$

$$\ll X^{\frac{1-1/(3k)+\varepsilon}{2^{k-1}}} \left(\int_{\mathfrak{m}_1} | S_0(\alpha) |^2 K(\alpha) \mathrm{d}\alpha\right)^{1/2-1/2^k}$$

$$\times \left(\int_{\mathfrak{m}_1} | \prod\nolimits_2(\alpha) U(\alpha) |^2 K(\alpha) \mathrm{d}\alpha\right)^{1/2} \left(\int_{\mathfrak{m}_1} | S_1(\alpha) |^{2^k} K(\alpha) \mathrm{d}\alpha\right)^{1/2^k}$$

$$\ll \tau |\mathcal{U}| P^{r+1-\sigma(k)+\varepsilon}$$

和

$$\int_{\mathfrak{m}_2} \prod\nolimits_0(\alpha) U(\alpha) K(\alpha) \mathrm{e}(\tilde{\omega}\alpha) \mathrm{d}\alpha$$

$$\ll P^{1-\sigma(k)+\varepsilon} \left(\int_{\mathfrak{m}_1} | S_0(\alpha) |^2 K(\alpha) \mathrm{d}\alpha\right)^{1/2} \left(\int_{\mathfrak{m}_1} | \prod\nolimits_2(\alpha) U(\alpha) |^2 K(\alpha) \mathrm{d}\alpha\right)^{1/2}$$

$$\ll \tau |\mathcal{U}| P^{r+1-\sigma(k)+\varepsilon}.$$

由此可知

$$\int_{\mathfrak{m}'} \prod\nolimits_0(\alpha) U(\alpha) K(\alpha) \mathrm{e}(\tilde{\omega}\alpha) \mathrm{d}\alpha \ll \tau |\mathcal{U}| P^{r+1-\sigma(k)+\varepsilon}. \qquad (5.2.8)$$

下面估计区间 $\hat{\mathfrak{m}}$ 上的积分. 首先,把区间 $\hat{\mathfrak{m}}$ 分成一些互不相交的子集合 $S(Z_0, Z_1, y)$, 这里集合

$$S(Z_0, Z_1, y) = \{\alpha \in \hat{\mathfrak{m}}: Z_j \leqslant | S_j(\alpha) | < 2Z_j, j = 0,1; y \leqslant | \alpha | < 2y\},$$

其中 $Z_0 = X^{1-1/(3k)+\varepsilon} 2^{t_1}, Z_1 = P^{1-\sigma(k)+\varepsilon} 2^{t_2}, y = \phi 2^s, t_1, t_2, s$ 为正整数. 那么由引理 5.6 和引理 5.7 知,存在两对互素的整数 (a_0, q_0) 和引理(a_1, q_1),满足

$a_0a_1 \neq 0$ 和

$$1 \leqslant q_0 \ll (X/Z_0)^2 X^{\varepsilon},\ |q_0\lambda_0\alpha - a_0| \ll (X/Z_0)^2 X^{\varepsilon-1},$$
$$1 \leqslant q_1 \ll (P/Z_1)^2 P^{\varepsilon},\ |q_1\lambda_1\alpha - a_1| \ll (P/Z_1)^2 P^{\varepsilon-k}.$$

那么,对于任意 $\alpha \in S(Z_0, Z_1, y)$,都有

$$\left|\frac{a_0}{\alpha}\right| \ll q_0 + (X/Z_0)^2 X^{\varepsilon-1}\phi^{-1} \ll q_0,$$
$$\left|\frac{a_1}{\alpha}\right| \ll q_1 + (P/Z_1)^2 P^{\varepsilon-k}\phi^{-1} \ll q_1.$$

根据 q_j 的大小,进一步把集合 $S(Z_0, Z_1, y)$ 分为子集合 $S(Z_0, Z_1, y, Q_0, Q_1)$,这里 $Q_j \leqslant q_j < 2Q_j$. 那么,有

$$\begin{aligned}\left|a_2q_1\frac{\lambda_1}{\lambda_2} - a_1q_2\right| &= \left|\frac{a_2(q_1\lambda_1\alpha - a_1) + a_1(a_2 - q_2\lambda_2\alpha)}{\lambda_2\alpha}\right| \\ &\ll Q_1(X/Z_0)2X^{\varepsilon-1} + Q_0(P/Z_1)2P^{\varepsilon-k} \\ &\ll P^{2/3+2\sigma(k)-k+(k+1)\varepsilon} \\ &= o(q^{-1}).\end{aligned}$$

并且还有

$$|a_1q_0| \ll P^{2\varepsilon}yQ_0Q_1.$$

设 $|a_1q_0|$ 最多可以取 R 个不同的值. 注意到这时 $P = q^{k-2/3-2\sigma(k)-(k+2)\varepsilon}$,这里 a/q 是无理数 λ_0/λ_1 的有理逼近. 那么类似于第 2 章的讨论,由引理 1.4 和鸽巢原理知,

$$R \ll \frac{P^{2\varepsilon}yQ_1Q_2}{q}.$$

又每个 $|a_1q_0|$ 的值最多对应不超过 P^{ε} 对 a_1, q_0,从而可知,$S(Z_0, Z_1, y, Q_0, Q_1)$ 由最多由 RP^{ε} 个长度不超过

$$\min(Q_0^{-1}(X/Z_0)^2X^{\varepsilon-1}, Q_1^{-1}(P/Z_1)^2P^{\varepsilon-k}) \ll \frac{P^{1+\varepsilon}}{Z_0Z_1Q_0^{1/2}Q_1^{1/2}}$$

的集合构成. 所以集合 $S(Z_1, Z_2, y, Q_1, Q_2)$ 的测度

$$\mu(S(Z_0, Z_1, y, Q_0, Q_1)) \ll \frac{yP^{1+2\varepsilon}Q_0^{1/2}Q_1^{1/2}}{qZ_0Z_1}.$$

那么,在集合 $S(Z_0, Z_1, y, Q_0, Q_1)$ 上的积分为

$$\begin{aligned}&\int \left|\prod\nolimits_0(\alpha)U(\alpha)\right| K(\alpha)\mathrm{d}\alpha \\ &\ll \min(\tau^2, y^{-2})Z_0Z_1P^r|\mathcal{U}|\frac{yP^{1+2\varepsilon}Q_0^{1/2}Q_1^{1/2}}{qZ_0Z_1} \\ &\ll \tau|\mathcal{U}|P^{r+1+2\varepsilon}\frac{Q_0^{1/2}Q_1^{1/2}}{q} \\ &\ll \tau|\mathcal{U}|P^{r+2+3\sigma(k)-k+(k+4)\varepsilon}\end{aligned}$$

$$\ll \tau|\mathcal{U}|P^{r+1-\sigma(k)+\varepsilon}.$$

对 Z_0,Z_1,y,Q_0,Q_1 所有可能的情况求和即得，

$$\int_{\hat{\mathfrak{m}}}\prod_0(\alpha)U(\alpha)K(\alpha)e(\tilde{\omega}\alpha)d\alpha \ll \tau|\mathcal{U}|P^{r+1-\sigma(k)+\varepsilon}. \tag{5.2.9}$$

从而，由公式(5.2.8)和公式(5.2.9)，得下面的结论.

引理 5.12 有

$$\int_{\mathfrak{m}}\prod_0(\alpha)U(\alpha)K(\alpha)e(\tilde{\omega}\alpha)d\alpha \ll \tau|\mathcal{U}|P^{r+1-\sigma(k)+\varepsilon}.$$

5.2.3 定理 5.3 的证明

首先估计下平凡区间上积分的上界. 由引理 5.8 和引理 5.10，有

$$\begin{aligned}
&\int_{\mathfrak{t}}\prod_0(\alpha)U(\alpha)K(\alpha)e(\tilde{\omega}\alpha)d\alpha\\
&\ll P\left(\int_{|\alpha|>\xi}|S_0(\alpha)|^2K(\alpha)d\alpha\right)^{1/2}\left(\int_{|\alpha|>\xi}\left|\prod_2(\alpha)U(\alpha)\right|^2K(\alpha)d\alpha\right)^{1/2}\\
&\ll P\left(\sum_{m=[\xi]}^{\infty}\int_m^{m+1}|S_0(\alpha)|^2\frac{1}{\alpha^2}d\alpha\right)^{1/2}\left(\sum_{m=[\xi]}^{\infty}\int_m^{m+1}\left|\prod_2(\alpha)U(\alpha)\right|^2\frac{1}{\alpha^2}d\alpha\right)^{1/2}\\
&\ll |\mathcal{U}|P^{r+1+\varepsilon}\xi^{-1}\\
&= o(\tau^2|\mathcal{U}|P^{r+1}).
\end{aligned}$$

令 $\tau=P^{-\sigma(k)+2\varepsilon}$，那么，由上面的估计以及引理 5.11 和引理 5.12，得

$$\mathcal{J}(\mathbb{R})\gg\tau^2|\mathcal{U}|P^{r+1}.$$

这意味着不等式

$$|\lambda_0p_0+\lambda_1p_1^k+\cdots+\lambda_{r+1}p_{r+1}^k+u+\tilde{\omega}|<\tau$$

至少有 $\tau|\mathcal{U}|P^{r+1}(\log P)^{-r-1}$ 组解 $p_j\in\mathcal{I}_j,0\leqslant j\leqslant r+1;u\in\mathcal{U}$. 因此，由定理 5.3 的条件知，下面的不等式

$$|\lambda_0p_0+\lambda_1p_1^k+\cdots+\lambda_sp_s^k+\tilde{\omega}|<\max_{1\leqslant j\leqslant s}(p_j)^{-\sigma(k)+\varepsilon}$$

有无穷多组素数解. 从而定理 5.3 得证.

5.3 本 章 小 结

本章研究了高次素变数丢番图逼近问题，但是由于系数 λ_j 带来的一些困扰，本章得出的结果要比华林-哥德巴赫问题的结果弱很多. 用 $D(k)$ 表示不等式

$$|\lambda_1p_1^k+\cdots+\lambda_sp_s^k+\tilde{\omega}|<\varepsilon$$

有无穷多组素数解的最小的正整数 s. 用 $F(k)$ 表示使得充分大的 N, 丢番图方程

$$N = p_1^k + \cdots + p_s^k$$

可解的最小的正整数 s. 列出 $4 \leqslant k \leqslant 10$ 时它们的取值,见表 5.3.

表 5.3 $D(k)$和 $F(k)$的取值

k	4	5	6	7	8	9	10
$D(k)$	15	25	37	55	75	97	123
$F(k)$	12	21	32	46	61	75	89

主要原因是由于 λ_j 不同,很多处理华林-哥德巴赫问题中迭代思想不能直接用来处理丢番图逼近问题. 正如 Harman 所说:"There are some technical problems at present. "所以要充分利用好比值 λ_1/λ_2 为无理数,对系数 λ_j 的取值进行讨论,期望得到适用于丢番图逼近问题的迭代方法. 现有的方法主要依赖于素变数三角和的估计以及它们的积分均值估计. 随着 2013 年 Bourgain 彻底证明了 Vinogradov 均值定理,相信本书中的一些结果也可以略有改进.

第 6 章　混合幂素变数丢番图逼近

本章将介绍二类典型的混合幂素变数丢番图逼近问题.

6.1　一类递增次幂丢番图逼近

本节研究一类经典的次幂递增的素变数丢番图逼近. 设 $\lambda_1, \lambda_2, \cdots, \lambda_5$ 为一组非零实数,且不全同号. $\bar{\omega}$ 为任意实数. 研究素变数不等式

$$|\lambda_1 p_1 + \lambda_2 p_2^2 + \lambda_3 p_3^3 + \lambda_4 p_4^4 + \lambda_5 p_5^5 + \bar{\omega}| < (\max p_j^j)^{-\sigma+\varepsilon}.$$

若比值 λ_1/λ_2 为无理数,则 $\sigma = 5/288$ 时,证明上面不等式有无穷多组素数解. 下面先来介绍刘志新的结果.

定理 6.1　设 $\lambda_1, \lambda_2, \cdots, \lambda_5$ 为一组非零实数,且不全同号. $\bar{\omega}$ 为任意实数. 若比值 λ_1/λ_2 为无理数,那么对任意 $\varepsilon > 0$, 不等式

$$|\lambda_1 p_1 + \lambda_2 p_2^2 + \lambda_3 p_3^3 + \lambda_4 p_4^4 + \lambda_5 p_5^5 + \bar{\omega}| < (\max p_j^j)^{-5/288+\varepsilon}$$

都有无穷多组素数解.

设 η 为一个充分小的正实数, a/q 是无理数 λ_1/λ_2 的一个有理逼近,这里 q 相对 η 是充分大的. 再设 $X = q^{12/5}$, $P_j = X^{1/j}$, $0 < \tau < 1$, 通常 τ 取为 X 的某个负方幂,因此当 X 充分大时, τ 充分小. 定义区间 $\mathcal{I}_j = [\eta P_j, P_j]$, $1 \leqslant j \leqslant 5$. 再定义

$$S_j(\alpha) = \sum_{p \in \mathcal{I}_j} (\log p) e(\alpha p^j).$$

对于任意实数集 $\mathbb{R}$上的可测集 $\mathfrak{X}$, 定义

$$J(\mathfrak{X}) := \int_{\mathfrak{X}} S_1(\lambda_1\alpha) S_2(\lambda_2\alpha) S_3(\lambda_3\alpha) S_4(\lambda_4\alpha) S_5(\lambda_5\alpha) e(\bar{\omega}\alpha) K(\alpha) d\alpha. \tag{6.1.1}$$

那么由引理 1.1,可得

$$\begin{aligned} J(\mathbb{R}) &= \sum_{\substack{p_j \in \mathcal{I}_j \\ 1 \leqslant j \leqslant 5}} (\log p_1) \cdots (\log p_5) \int_{\mathcal{I}} e(\alpha(\lambda_1 p_1 + \cdots + \lambda_5 p_5^5 + \bar{\omega})) K(\alpha) d\alpha \\ &\leqslant (\log X)^5 \sum_{\substack{p_j \in \mathcal{I}_j \\ 1 \leqslant j \leqslant 5}} A(\lambda_1 p_1 + \cdots + \lambda_5 p_5^5 + \bar{\omega}) \end{aligned}$$

$$\leqslant \tau(\log X)^5 \mathcal{N}(\tilde{\omega}, X), \tag{6.1.2}$$

这里 $\mathcal{N}(\tilde{\omega}, X)$ 表示素变数丢番图不等式

$$|\lambda_1 p_1 + \lambda_2 p_2^2 + \lambda_3 p_3^3 + \lambda_4 p_4^4 + \lambda_5 p_5^5 + \tilde{\omega}| < \tau$$

素数解 $p_j \in \mathcal{I}_j$ 的个数.

为了估计积分 $J(\mathbb{R})$,把实数轴分成三部分:主区间 $\mathfrak{M}$、余区间 $\mathfrak{m}$ 和平凡区间 $\mathfrak{t}$,这里

$$\mathfrak{M} = \{\alpha: |\alpha| \leqslant 1\}, \mathfrak{m} = \{\alpha: 1 < |\alpha| \leqslant \xi\}, \mathfrak{t} = \{\alpha: |\alpha| > \xi\},$$

其中 $\xi = \tau^{-2} X^{1/80+2\varepsilon}$.

由第 2 章平凡区间上类似的讨论,易知

$$J(\mathfrak{t}) = o(\tau^2 X^{77/60}). \tag{6.1.3}$$

分别来估计主区间和余区间上面的积分,需要一些必要的引理.

引理 6.1 设函数

$$f(\alpha) \in \{S_1(\lambda_1\alpha)^2, S_3(\lambda_3\alpha)^3, S_4(\lambda_4\alpha)^{16}, S_5(\lambda_5\alpha)^{32}, S_2(\lambda_2\alpha)^2 S_4(\lambda_4\alpha)^4,$$
$$S_2(\lambda_2\alpha)^2 S_3(\lambda_3\alpha)^2 S_5(\lambda_5\alpha)^2, S_2(\lambda_2\alpha)^2 S_5(\lambda_5\alpha)^6\}.$$

那么有

$$\int_{-1}^{1} |f(\alpha)| \mathrm{d}\alpha \ll f(0) X^{-1+\varepsilon}$$

和

$$\int_{-\infty}^{+\infty} |f(\alpha)| K(\alpha) \mathrm{d}\alpha \ll \tau f(0) X^{-1+\varepsilon},$$

这里 $f(0)$ 表示 α 取值为 0 的和式.

证明:当 $f(\alpha)$ 取为 $S_1(\lambda_1\alpha)^2, S_3(\lambda_3\alpha)^3, S_4(\lambda_4\alpha)^{16}$ 或者 $S_5(\lambda_5\alpha)^{32}$ 时,由经典的华罗庚不等式和引理 1.1 立得.

当 $f(\alpha)$ 取为 $S_2(\lambda_2\alpha)^2 S_4(\lambda_4\alpha)^4, S_2(\lambda_2\alpha)^2 S_3(\lambda_3\alpha)^2 S_5(\lambda_5\alpha)^2$ 或者 $S_2(\lambda_2\alpha)^2 S_5(\lambda_5\alpha)^6$ 时,它们的证明类似,这里只给出 $f(\alpha)$ 为 $S_2(\lambda_2\alpha)^2 S_4(\lambda_4\alpha)^4$ 的证明,又因为$(-1,1)$上的积分与$(-\infty,+\infty)$上的证明差别不大,这里只来证明$(-\infty,+\infty)$的情况. 即证明

$$\int_{-\infty}^{+\infty} |S_2(\lambda_2\alpha)^2 S_4(\lambda_4\alpha)^4| K(\alpha) \mathrm{d}\alpha \ll \tau X^{1+\varepsilon}. \tag{6.1.4}$$

由引理 1.1 知

$$\int_{-\infty}^{+\infty} |S_2(\lambda_2\alpha)^2 S_4(\lambda_4\alpha)^4| K(\alpha) \mathrm{d}\alpha$$
$$\ll (\log X)^6 \sum_{\substack{p_1, p_2 \in \mathcal{I}_2 \\ p_3, p_4, p_5, p_6 \in \mathcal{I}_4}} A(\lambda_2(p_1^2 - p_2^2) + \lambda_4(p_3^4 + p_4^4 - p_5^4 - p_6^4))$$
$$\ll \tau (\log X)^6 \mathcal{R}(X),$$

这里 $\mathcal{R}(X)$ 表示不等式

$$|\lambda_2(p_1^2-p_2^2)+\lambda_4(p_3^4+p_4^4-p_5^4-p_6^4)|<\tau,$$
$$p_1,p_2\in\mathcal{I}_2,p_3,p_4,p_5,p_6\in\mathcal{I}_4$$

解的个数.

下面计算上面不等式解的个数.先考虑 $p_3^4+p_4^4-p_5^4-p_6^4=0$ 的情况，此时必有 $p_1^2-p_2^2=0$,从而可得 $p_1=p_2$.那么 $p_3^4+p_4^4-p_5^4-p_6^4=0$ 这种情况对解数$\mathcal{R}(X)$ 的贡献$\mathcal{R}_1(X)$ 有上界，

$$\mathcal{R}_1(X)\ll X^{1/2}\sum_{\substack{p_3,p_4,p_5,p_6\in\mathcal{I}_4\\ p_3^4+p_4^4-p_5^4-p_6^4=0}}1.$$

又由华罗庚不等式知，

$$\sum_{\substack{p_3,p_4,p_5,p_6\in\mathcal{I}_4\\ p_3^4+p_4^4-p_5^4-p_6^4=0}}1\ll X^{1/2+\varepsilon},$$

从而可得，

$$\mathcal{R}_1(X)\ll X^{1+\varepsilon}.$$

接着,考虑 $p_3^4+p_4^4-p_5^4-p_6^4\neq0$ 的情况,此时对于任意的 $p_3,p_4,p_5,p_6\in\mathcal{I}_4$,最多存在一个整数 $|n|\leqslant X$ 使得

$$|\lambda_2 n+\lambda_4(p_3^4+p_4^4+p_5^4+p_6^4)|<\tau.$$

那么此时,由除数函数的经典上界知,对于固定的 n,方程 $p_1^2-p_2^2=n$ 的解数不超过 $\mathrm{d}(n)\ll X^{\varepsilon}$.从而可知,$p_3^4+p_4^4-p_5^4-p_6^4\neq0$ 这种情况对解数 $\mathcal{R}(X)$ 的贡献 $\mathcal{R}_2(X)$ 有上界，

$$\mathcal{R}_2(X)\ll X^{\varepsilon}\sum_{\substack{p_3,p_4,p_5,p_6\in\mathcal{I}_4\\ p_3^4+p_4^4-p_5^4-p_6^4\neq0}}1\ll X^{1+\varepsilon}.$$

综上所述,有

$$\mathcal{R}(X)\ll X^{1+\varepsilon}.$$

从而公式(6.1.4)得证.

由引理 1.6、引理 1.7 和引理 1.9,可以得出下面的几个推论.

推论 6.1　设 $X\geqslant Z\geqslant X^{4/5+\varepsilon}$,且 $|S_1(\lambda_1\alpha)|\geqslant Z$.那么存在整数 a,q 满足

$$(a,q)=1,1\leqslant q\ll(X/Z)^2X^{\varepsilon},\ |q\lambda_1\alpha-a|\ll(X/Z)^2X^{\varepsilon-1}.$$

推论 6.2　设 $P_2\geqslant Z\geqslant P_2^{7/8+\varepsilon}$,且 $|S_2(\lambda_2\alpha)|\geqslant Z$.那么存在整数 a,q 满足

$$(a,q)=1,1\leqslant q\ll(P_2/Z)^4P_2^{\varepsilon},\ |q\lambda_2\alpha-a|\ll(P_2/Z)^4P_2^{\varepsilon-2}.$$

推论 6.3　设 $P_4\geqslant Z\geqslant P_4^{1-1/24+\varepsilon}$,且 $|S_4(\lambda_4\alpha)|\geqslant Z$.那么存在整数 a,q 满足

$$(a,q)=1,1\leqslant q\ll(P_4/Z)^2P_4^{\varepsilon},\ |q\lambda_4\alpha-a|\ll(P_4/Z)^2P_4^{\varepsilon-4}.$$

6.1.1 主区间

先考虑利用 Languaso 和 Zaccagnini 的方法研究经典的主区间 $\mathfrak{M}^* = \{\alpha:|\alpha| \leqslant \phi = X^{-1+2/15-\varepsilon}\}$,易得下面的引理.

引理 6.2 有

$$J(\mathfrak{M}^*) \gg \tau^2 X^{77/60}.$$

下面考虑区间 $\mathfrak{M}\backslash\mathfrak{M}^*$,有下面的引理.

引理 6.3 有

$$J(\mathfrak{M}\backslash\mathfrak{M}^*) = o(\tau^2 X^{77/60}).$$

证明:对于给定的实数 α,由 Dirichlet 逼近定理知,存在整数 a_1, a_2, q_1, q_2 满足

$$(a_1, q_1) = 1, 1 \leqslant q_1 \leqslant X^{1-1/100}, \ |q_1\lambda_1\alpha - a_1| \leqslant X^{-1+1/100};$$
$$(a_2, q_2) = 1, 1 \leqslant q_2 \leqslant X^{1-1/100}, \ |q_2\lambda_2\alpha - a_2| \leqslant X^{-1+1/100}.$$

又由于 $\alpha \in \mathfrak{M}\backslash\mathfrak{M}^*$,那么,必有

$$a_1 a_2 \neq 0$$

且

$$\frac{a_1}{|\alpha|} \ll q_1 + X^{-1+1/100}|\alpha|^{-1} \ll q_1,$$

$$\frac{a_2}{|\alpha|} \ll q_2 + X^{-1+1/100}|\alpha|^{-1} \ll q_2.$$

那么必有下面的估计

$$\max(q_1, q_2) \geqslant X^{1/100} \tag{6.1.5}$$

成立. 下面用反证法来证明(6.1.5)式. 若 q_1 和 q_2 都小于 $X^{1/100}$,那么,有

$$\begin{aligned}\left|a_2 q_1 \frac{\lambda_1}{\lambda_2} - a_1 q_2\right| &= \left|\frac{a_2}{\lambda_2\alpha}(q_1\lambda_1\alpha - a_1) - \frac{a_1}{\lambda_2\alpha}(q_2\lambda_2\alpha - a_2)\right| \\ &\ll q_2 X^{-1+1/100} + q_1 X^{-1+1/100} \\ &\ll X^{-1+1/50}.\end{aligned}$$

又由于 a/q 是无理数 λ_1/λ_2 的一个有理逼近,且 $X = q^{12/5}$. 因此,有

$$\left|a_2 q_1 \frac{\lambda_1}{\lambda_2} - a_1 q_2\right| = o(q^{-1}).$$

但是

$$|a_2 q_1| \ll q_1 q_2 \ll X^{1/100} = o(q).$$

那么,由 Legendre 最佳有理逼近准则知,这就和 a/q 是无理数 λ_1/λ_2 的一个有理逼近矛盾. 从而可知,q_1 和 q_2 中至少有一个大于等于 $X^{1/100}$. 即(6.1.5)式成立.

如果 q_1 大于等于 $X^{1/100}$，由引理 1.6 知，

$$|S_1(\lambda_1\alpha)| \ll X^{1-1/200+\varepsilon}.$$

此时，由引理 6.1 和 Holder 不等式知，有

$$\begin{aligned}
&J(\mathfrak{M}\backslash\mathfrak{M}^*)\\
&= \int_{\mathfrak{M}\backslash\mathfrak{M}^*} S_1(\lambda_1\alpha)S_2(\lambda_2\alpha)S_3(\lambda_3\alpha)S_4(\lambda_4\alpha)S_5(\lambda_5\alpha)e(\tilde{\omega}\alpha)K(\alpha)d\alpha\\
&\ll \max_{\alpha\in\mathfrak{M}\backslash\mathfrak{M}^*}|S_1(\lambda_1\alpha)|^{1/8}\left(\int_{-\infty}^{+\infty}|S_1(\lambda_1\alpha)|^2K(\alpha)d\alpha\right)^{7/16}\\
&\quad\times\left(\int_{-\infty}^{+\infty}|S_4(\lambda_4\alpha)|^{16}K(\alpha)d\alpha\right)^{1/16}\left(\int_{-\infty}^{+\infty}|S_2(\lambda_2\alpha)S_3(\lambda_3\alpha)S_5(\lambda_5\alpha)|^2K(\alpha)d\alpha\right)^{1/2}\\
&\ll \tau X^{1/8-1/1600+\varepsilon}X^{7/16+\varepsilon}X^{3/16+\varepsilon}X^{8/15+\varepsilon}\\
&\ll \tau X^{77/60-1/1600+4\varepsilon} = o(\tau X^{77/60}).
\end{aligned}$$

如果 q_2 大于等于 $X^{1/100}$，由引理 1.9 知，

$$|S_2(\lambda_2\alpha)|^2 \ll X^{1-1/200+\varepsilon}.$$

此时，由引理 6.1 和 Holder 不等式知，有

$$\begin{aligned}
&J(\mathfrak{M}\backslash\mathfrak{M}^*)\\
&\ll \max_{\alpha\in\mathfrak{M}\backslash\mathfrak{M}^*}|S_2(\lambda_2\alpha)|^{1/8}\left(\int_{-\infty}^{+\infty}|S_1(\lambda_1\alpha)|^2K(\alpha)d\alpha\right)^{1/2}\\
&\quad\times\left(\int_{-\infty}^{+\infty}S_3(\lambda_3\alpha)|^8K(\alpha)d\alpha\right)^{1/8}\left(\int_{-\infty}^{+\infty}|S_2(\lambda_2\alpha)^2S_4(\lambda_4\alpha)^4|K(\alpha)d\alpha\right)^{1/4}\\
&\quad\times\left(\int_{-\infty}^{+\infty}|S_5(\lambda_5\alpha)|^{32}K(\alpha)d\alpha\right)^{1/32}\left(\int_{-\infty}^{+\infty}|S_2(\lambda_2\alpha)|^4K(\alpha)d\alpha\right)^{3/32}\\
&\ll \tau X^{77/60-1/3200+5\varepsilon} = o(\tau X^{77/60}).
\end{aligned}$$

从而引理得证.

6.1.2 余区间

下面来考虑余区间上的积分. 设 $\mathfrak{m}' = \mathfrak{m}_1 \cup \mathfrak{m}_2, \hat{\mathfrak{m}} = \mathfrak{m}\backslash\mathfrak{m}'$，这里

$$\mathfrak{m}_1 = \{\alpha\in\mathfrak{m}: |S_1(\lambda_1\alpha)| \leqslant X^{1-1/6+2\varepsilon}\},$$
$$\mathfrak{m}_2 = \{\alpha\in\mathfrak{m}: |S_2(\lambda_2\alpha)| \leqslant X^{1/2-1/16+2\varepsilon}\}.$$

有下面的引理.

引理 6.4 有

$$\int_{\mathfrak{m}'} S_1(\lambda_1\alpha)\cdots S_5(\lambda_5\alpha)e(\tilde{\omega}\alpha)K(\alpha)d\alpha \ll \tau X^{77/60-5/288+\varepsilon}.$$

证明：由 $\mathfrak{m}'$ 的定义，只需考虑 $\mathfrak{m}_1$ 和 $\mathfrak{m}_2$ 上的积分即可. 由引理 6.1 和 Holder 不等式知，有

$$\int_{\mathfrak{m}_1} S_1(\lambda_1\alpha)\cdots S_5(\lambda_5\alpha)e(\tilde{\omega}\alpha)K(\alpha)\mathrm{d}\alpha$$
$$\ll \max_{\alpha\in\mathfrak{m}_1}|S_1(\lambda_1\alpha)|^{3/16}\left(\int_{-\infty}^{+\infty}|S_1(\lambda_1\alpha)|^2K(\alpha)\mathrm{d}\alpha\right)^{13/32}$$
$$\times\left(\int_{-\infty}^{+\infty}|S_2(\lambda_2\alpha)^2S_4(\lambda_4\alpha)^4|K(\alpha)\mathrm{d}\alpha\right)^{1/4}\left(\int_{-\infty}^{+\infty}|S_2(\lambda_2\alpha)^2S_5(\lambda_5\alpha)^6|K(\alpha)\mathrm{d}\alpha\right)^{1/8}$$
$$\times\left(\int_{-\infty}^{+\infty}|S_2(\lambda_2\alpha)S_3(\lambda_3\alpha)S_5(\lambda_5\alpha)|^2K(\alpha)\mathrm{d}\alpha\right)^{1/8}\left(\int_{-\infty}^{+\infty}|S_3(\lambda_3\alpha)|^8K(\alpha)\mathrm{d}\alpha\right)^{3/32}$$
$$\ll \tau X^{77/60-1/32+\varepsilon}.$$

和

$$\int_{\mathfrak{m}_2} S_1(\lambda_1\alpha)\cdots S_5(\lambda_5\alpha)e(\tilde{\omega}\alpha)K(\alpha)\mathrm{d}\alpha$$
$$\ll \max_{\alpha\in\mathfrak{m}_2}|S_2(\lambda_2\alpha)|^{5/18}\left(\int_{-\infty}^{+\infty}|S_1(\lambda_1\alpha)|^2K(\alpha)\mathrm{d}\alpha\right)^{1/2}$$
$$\times\left(\int_{-\infty}^{+\infty}|S_2(\lambda_2\alpha)^2S_4(\lambda_4\alpha)^4|K(\alpha)\mathrm{d}\alpha\right)^{7/36}\left(\int_{-\infty}^{+\infty}|S_4(\lambda_4\alpha)|^{16}K(\alpha)\mathrm{d}\alpha\right)^{1/72}$$
$$\times\left(\int_{-\infty}^{+\infty}|S_2(\lambda_2\alpha)^2S_5(\lambda_5\alpha)^6|K(\alpha)\mathrm{d}\alpha\right)^{1/6}\left(\int_{-\infty}^{+\infty}|S_3(\lambda_3\alpha)|^8K(\alpha)\mathrm{d}\alpha\right)^{1/8}$$
$$\ll \tau X^{77/60-5/288+\varepsilon}.$$

从而引理得证.

引理 6.5 有

$$\int_{\hat{\mathfrak{m}}} S_1(\lambda_1\alpha)\cdots S_5(\lambda_5\alpha)e(\tilde{\omega}\alpha)K(\alpha)\mathrm{d}\alpha \ll \tau X^{77/60-5/288+\varepsilon}.$$

证明:把区间 $\hat{\mathfrak{m}}$ 分成一些互不相交子集合 $S(Z_1,Z_2,y)$,这里集合 $S(Z_1,Z_2,y)=\{\alpha\in\hat{\mathfrak{m}}:Z_j\leqslant|S_j(\lambda_j\alpha)|<2Z_j,j=1,2;y\leqslant|\alpha|<2y\}$,其中 $Z_1=X^{1-1/6+2\varepsilon}2^{t_1}$,$Z_2=X^{1/2-1/16+2\varepsilon}2^{t_2}$,$y=2^s$,$t_1,t_2,s$ 为正整数.那么由推论 6.1 和推论 6.2 知,存在两对互素的整数 (a_1,q_1) 和 (a_2,q_2),满足 $a_1a_2\neq 0$ 和

$$1\leqslant q_1\ll(X/Z_1)^2X^{\varepsilon},\ |q_1\lambda_1\alpha-a_1|\ll(X/Z_1)^2X^{\varepsilon-1},$$
$$1\leqslant q_2\ll(P_2/Z_2)^4P_2^{\varepsilon},\ |q_2\lambda_2\alpha-a_2|\ll(P_2/Z_2)^4P_2^{\varepsilon-2}.$$

那么,对于任意 $\alpha\in S(Z_1,Z_2,y)$,都有

$$\left|\frac{a_j}{\alpha}\right|\ll q_j,j=1,2.$$

根据 q_j 的大小,进一步把集合 $S(Z_1,Z_2,y)$ 分为子集合 $S(Z_1,Z_2,y,Q_1,Q_2)$,这里 $Q_j\leqslant q_j<2Q_j$.那么,有

$$\left|a_2q_1\frac{\lambda_1}{\lambda_2}-a_1q_2\right|=\left|\frac{a_2(q_1\lambda_1\alpha-a_1)+a_1(a_2-q_2\lambda_2\alpha)}{\lambda_2\alpha}\right|$$
$$\ll Q_2(X/Z_1)^2X^{\varepsilon-1}+Q_1(P_2/Z_2)^4P_2^{\varepsilon-2}$$

$$\ll (X/Z_1)^2 X^{\varepsilon} (P_2/Z_2)^4 P_2^{\varepsilon-2}$$

$$\ll \frac{X^{3+2\varepsilon}}{Z_1^2 Z_2^4} \ll X^{-5/12-10\varepsilon}. \tag{6.1.6}$$

并且还有

$$|a_2 q_1| \ll X^{2\varepsilon} y Q_1 Q_2.$$

设 $|a_2 q_1|$ 最多可以取 R 个不同的值. 取 $X = q^{12/5}$，这里 a/q 是无理数 λ_1/λ_2 的有理逼近. 那么类似于第 2 章的讨论，由引理 1.4 和鸽巢原理知，

$$R \ll \frac{X^{2\varepsilon} y Q_1 Q_2}{q}.$$

由每个 $|a_2 q_1|$ 的值最多对应不超过 P^{ε} 对 a_2, q_1，从而可知，$S(Z_1, Z_2, y, Q_1, Q_2)$ 由最多由 RP^{ε} 个长度不超过

$$\min(Q_1^{-1}(X/Z_1)^2 X^{\varepsilon-1}, Q_2^{-1}(P_2/Z_2)^4 P_2^{\varepsilon-2}) \ll \frac{X^{1+\varepsilon}}{Z_1 Z_2^2 Q_1^{1/2} Q_2^{1/2}}$$

的集合构成. 所以集合 $S(Z_1, Z_2, y, Q_1, Q_2)$ 的测度

$$\mu(S(Z_1, Z_2, y, Q_1, Q_2)) \ll \frac{yX^{1+3\varepsilon} Q_1^{1/2} Q_2^{1/2}}{qZ_1 Z_2^2} \ll \frac{yX^{3+4\varepsilon}}{qZ_1^2 Z_2^4}.$$

那么，在集合上的积分为

$$\int_S S_1(\lambda_1\alpha)\cdots S_5(\lambda_5\alpha) e(\tilde{\omega}\alpha) K(\alpha) d\alpha$$

$$\ll \left(\int_S |S_1(\lambda_1\alpha)|^2 |S_5(\lambda_5\alpha)|^{5/9} K(\alpha) d\alpha\right)^{1/2}$$

$$\times \left(\int_{-\infty}^{+\infty} |S_2(\lambda_2\alpha)^2 S_4(\lambda_4\alpha)^4| K(\alpha) d\alpha\right)^{7/36} \left(\int_{-\infty}^{+\infty} |S_4(\lambda_4\alpha)|^{16} K(\alpha) d\alpha\right)^{1/72}$$

$$\times \left(\int_{-\infty}^{+\infty} |S_2(\lambda_2\alpha)^2 S_5(\lambda_5\alpha)^6| K(\alpha) d\alpha\right)^{1/6} \left(\int_{-\infty}^{+\infty} |S_3(\lambda_3\alpha)|^8 K(\alpha) d\alpha\right)^{1/8}$$

$$\ll \left(\min(\tau^2, y^{-2}) Z_1^2 Z_2^{5/9} \frac{yX^{3+4\varepsilon}}{qZ_1^2 Z_2^4}\right)^{1/2} \times \tau^{1/2} X^{7/36+1/24+1/5+5/24+\varepsilon}$$

$$\ll \tau \frac{X^{3/2+29/45+3\varepsilon}}{q^{1/2} Z_2^{31/18}} \ll \tau X^{77/60-5/288+\varepsilon}.$$

对 Z_1, Z_2, y, Q_1, Q_2 所有可能的情况求和即得，

$$\int_{\hat{\mathfrak{m}}} S_1(\lambda_1\alpha)\cdots S_5(\lambda_5\alpha) e(\tilde{\omega}\alpha) K(\alpha) d\alpha \ll \tau X^{77/60-5/288+\varepsilon}.$$

从而引理得证.

由引理 6.4 和引理 6.5，可以得到下面的引理.

引理 6.6　有

$$\int_{\mathfrak{m}} S_1(\lambda_1\alpha)\cdots S_5(\lambda_5\alpha) e(\tilde{\omega}\alpha) K(\alpha) d\alpha \ll \tau X^{77/60-5/288+\varepsilon}.$$

6.1.3 定理 6.1 的证明

取 $\tau = X^{-5/288+2\varepsilon}$，那么由公式(6.1.2)、公式(6.1.3)以及引理 6.2、引理 6.4 和引理 6.6 知，

$$\mathcal{N}(\tilde{\omega}, X) \gg \tau X^{77/60}(\log X)^{-5}.$$

这就意味着不等式

$$|\lambda_1 p_1 + \lambda_2 p_2^2 + \lambda_3 p_3^3 + \lambda_4 p_4^4 + \lambda_5 p_5^5 + \tilde{\omega}| < \tau$$

至少有 $\tau X^{77/60}(\log X)^{-5}$ 组素数解 $p_1, p_2, \cdots, p_5$. 注意到$(\max p_j^j) \asymp X$，因此，有

$$\tau \asymp (\max p_j^j)^{-5/288+2\varepsilon}.$$

那么，不等式

$$|\lambda_1 p_1 + \lambda_2 p_2^2 + \lambda_3 p_3^3 + \lambda_4 p_4^4 + \lambda_5 p_5^5 + \tilde{\omega}| < (\max p_j^j)^{-5/288+2\varepsilon}$$

至少有 $\tau X^{77/60}(\log X)^{-5}$ 组素数解 $p_1, p_2, \cdots, p_5$. 又由于比值 λ_1/λ_2 无理数，那么存在无穷多组 λ_1/λ_2 的有理逼近序列 a/q. 因此当 $q \to +\infty$ 时，$X = q^{12/5} \to +\infty$. 这就意味着上面的不等式有无穷多组素数解. 从而定理 6.1 得证.

6.2 结果的改进

如果引入筛法，利用 Harman 的二次素变数筛法的结果，定理 6.1 中的 5/288 很容易改进为 5/216. 本节不介绍引入筛法的结果，而是介绍如果对系数 λ_j 添加一些适当的限制条件，结果可以做得更好. 主要是不再强烈地依赖于二次三角和的估计结果.

定理 6.2 设 $\lambda_1, \lambda_2, \cdots, \lambda_5$ 为一组非零实数，且不全同号. $\tilde{\omega}$ 为任意实数. 若比值 λ_1/λ_2 为无理数，λ_2/λ_4 和 λ_3/λ_5 为有理数，那么对任意 $\varepsilon > 0$，不等式

$$|\lambda_1 p_1 + \lambda_2 p_2^2 + \lambda_3 p_3^3 + \lambda_4 p_4^4 + \lambda_5 p_5^5 + \tilde{\omega}| < (\max p_j^j)^{-5/288+\varepsilon}$$

都有无穷多组素数解.

本节仍然沿用上一节的符号. 不失一般性，假设 $|\lambda_2/\lambda_4| \leqslant 1$. 设 a/q 是无理数 λ_1/λ_2 的一个有理逼近. 由于 λ_2/λ_4 为无理数，那么 $(\lambda_2 a)/(\lambda_4 q) = a'/q'$ 是无理数λ_1/λ_4 的有理逼近. 显然有 $q \asymp q'$. 再设 $X = q^{12/5}$. 利用上一节同样的方法，主区间和平凡区间上的估计不变，只不过需要重新估计一下余区间的上界. 下面来估计余区间上的积分.

首先，把余区间 $\mathfrak{m}$ 分成四部分. 令 $\mathfrak{m}'=\mathfrak{m}_1\cup\mathfrak{m}_2\cup\mathfrak{m}_3$，$\mathfrak{m}_4=\mathfrak{m}\backslash\mathfrak{m}'$，这里

$$\mathfrak{m}_1=\{\alpha\in\mathfrak{m}:|S_1(\lambda_1\alpha)|\leqslant X^{1-1/6+\varepsilon}\},$$

$$\mathfrak{m}_2=\{\alpha\in\mathfrak{m}:|S_1(\lambda_1\alpha)|\leqslant X^{1-1/6+\varepsilon},|S_2(\lambda_2\alpha)|\leqslant X^{1/2-1/16+\varepsilon}\},$$

$$\mathfrak{m}_3=\{\alpha\in\mathfrak{m}:|S_1(\lambda_1\alpha)|\leqslant X^{1-1/6+\varepsilon},|S_4(\lambda_4\alpha)|\leqslant X^{1/4-1/96+\varepsilon}\}.$$

下面分别估计四个区间 $\mathfrak{m}_j$ 上的积分. 首先估计 $\mathfrak{m}_1$ 上的积分. 由 $\mathfrak{m}_1$ 的定义和引理 6.1 知

$$\begin{aligned}&J(\mathfrak{m}_1)\\&\ll\max_{\alpha\in\mathfrak{m}_1}|S_1(\lambda_1\alpha)|^{3/16}\left(\int_{-\infty}^{+\infty}|S_1(\lambda_1\alpha)|^2K(\alpha)\mathrm{d}\alpha\right)^{13/32}\\&\times\left(\int_{-\infty}^{+\infty}|S_2(\lambda_2\alpha)^2S_4(\lambda_4\alpha)^4|K(\alpha)\mathrm{d}\alpha\right)^{1/4}\left(\int_{-\infty}^{+\infty}|S_2(\lambda_2\alpha)^2S_5(\lambda_5\alpha)^6|K(\alpha)\mathrm{d}\alpha\right)^{1/8}\\&\times\left(\int_{-\infty}^{+\infty}|S_2(\lambda_2\alpha)S_3(\lambda_3\alpha)S_5(\lambda_5\alpha)|^2K(\alpha)\mathrm{d}\alpha\right)^{1/8}\left(\int_{-\infty}^{+\infty}|S_3(\lambda_3\alpha)|^8K(\alpha)\mathrm{d}\alpha\right)^{3/32}\\&\ll\tau X^{77/60-1/32+\varepsilon}.\end{aligned}$$

接着，由引理 6.5，可得

$$J(\mathfrak{m}_2)\ll\tau X^{77/60-1/32+\varepsilon}.\tag{6.2.1}$$

现在来估计 $\mathfrak{m}_3$ 上的积分，有下面的引理.

引理 6.7　有

$$J(\mathfrak{m}_3)\ll\tau X^{77/60-1/32+\varepsilon}.\tag{6.2.2}$$

证明：引理 6.7 的证明与引理 6.5 类似，只给出证明的梗概. 把区间 $\mathfrak{m}_3$ 分成一些互不相交的子集合 $\mathcal{A}(Z_1,Z_2,y)$，这里集合

$$\mathcal{A}(Z_1,Z_2,y)=\{\alpha\in\hat{\mathfrak{m}}:Z_j\leqslant|S_{j+2}(\lambda_{j+2}\alpha)|<2Z_j,j=1,2;y\leqslant|\alpha|<2y\},$$

其中 $Z_1=X^{1-1/6+2\varepsilon}2^{t_1}$，$Z_2=X^{1/4-1/96+2\varepsilon}2^{t_2}$，$y=2^s$，$t_1,t_2,s$ 为正整数. 那么由推论 6.1 和推论 6.3 知，存在两对互素的整数 (a_1,q_1) 和 (a_2,q_2)，满足 $a_1a_2\neq0$ 和

$$1\leqslant q_1\ll(X/Z_1)^2X^{\varepsilon},\ |q_1\lambda_1\alpha-a_1|\ll(X/Z_1)^2X^{\varepsilon-1},$$

$$1\leqslant q_2\ll(P_4/Z_2)^2P_4^{\varepsilon},\ |q_2\lambda_2\alpha-a_2|\ll(P_4/Z_2)^2P_4^{\varepsilon-4}.$$

根据 q_j 的大小，进一步把集合 $\mathcal{A}(Z_1,Z_2,y)$ 分为子集合 $\mathcal{A}'=\mathcal{A}(Z_1,Z_2,y,Q_1,Q_2)$，这里 $Q_j\leqslant q_j<2Q_j$. 那么，有

$$\begin{aligned}\left|a_2q_1\frac{\lambda_1}{\lambda_2}-a_1q_2\right|&=\left|\frac{a_2(q_1\lambda_1\alpha-a_1)+a_1(a_2-q_2\lambda_2\alpha)}{\lambda_2\alpha}\right|\\&\ll Q_2(X/Z_1)^2X^{\varepsilon-1}+Q_1(P_4/Z_2)^2P_4^{\varepsilon-4}\\&\ll(X/Z_1)^2X^{\varepsilon}(P_4/Z_2)^2P_4^{\varepsilon-4}\\&\ll\frac{X^{3+2\varepsilon}}{Z_1^2Z_2^2}\ll X^{-31/48-2\varepsilon}.\end{aligned}$$

并且还有

$$|a_2q_1| \ll X^{2\varepsilon}yQ_1Q_2.$$

那么有

$$\left\|a_2q_1\frac{\lambda_1}{\lambda_4}\right\| \leqslant \frac{1}{4q'}, Q_1 \leqslant q_1 \leqslant 2Q_1, a_2 \asymp yQ_2.$$

设 $|a_2q_1|$ 最多可以取 R 个不同的值. 由引理 1.4 和鸽巢原理知,

$$R \ll \frac{X^{2\varepsilon}yQ_1Q_2}{q}.$$

由每个 $|a_2q_1|$ 的值最多对应不超过 P^{ε} 对 a_2, q_1,所以集合 $\mathcal{A}'$ 的测度

$$\begin{aligned}\mu(\mathcal{A}') &\ll \frac{X^{\varepsilon}yQ_1Q_2}{q'}\min((X/Z_1)^2X^{\varepsilon-1}Q_1^{-1}, (X^{1/4}/Z_2)^2X^{\varepsilon-1}Q_2^{-1})\\ &\ll \frac{X^{\varepsilon}yQ_1Q_2}{q'}\frac{X^{1/4+\varepsilon}}{Z_1Z_2Q_1^{1/2}Q_2^{1/2}}\\ &\ll \frac{X^{3/2+3\varepsilon}y}{q'Z_1^2Z_2^2}.\end{aligned}$$

那么由引理 6.1,在集合 $\mathcal{A}'$ 上的积分为

$$\begin{aligned}J(\mathcal{A}') &\ll \left(\int_{\mathcal{A}'}|S_2(\lambda_2\alpha)^2S_4(\lambda_4\alpha)^2|K(\alpha)\mathrm{d}\alpha\right)^{1/2}\\ &\quad\times\left(\int_{-\infty}^{+\infty}|S_2(\lambda_2\alpha)S_3(\lambda_3\alpha)S_5(\lambda_5\alpha)|^2K(\alpha)\mathrm{d}\alpha\right)^{1/2}\\ &\ll \left(\min(\tau^2, y^{-2})Z_1^2Z_2^2\frac{yX^{3/2+3\varepsilon}}{q'Z_1^2Z_2^2}\right)^{1/2}\tau^{1/2}X^{8/15+\varepsilon}\\ &\ll \tau\frac{X^{77/60+3\varepsilon}}{(q')^{1/2}}\\ &\ll \tau X^{77/60-5/24+2\varepsilon}.\end{aligned}$$

对 Z_1, Z_2, y, Q_1, Q_2 所有可能的情况求和即得,

$$J(\mathfrak{m}_3) \ll \tau X^{77/60-1/32+\varepsilon}.$$

从而引理得证.

最后,主要利用迭代的思想来处理 $\mathfrak{m}_4$ 上的积分. 有下面的引理.

引理 6.8 有

$$J(\mathfrak{m}_4) \ll \tau X^{77/60-1/32+\varepsilon}.$$

证明:首先,由 Cauchy-Schwarz 不等式知,

$$J(\mathfrak{m}_4) \ll \left(\int_{-\infty}^{+\infty}|S_1(\lambda_1\alpha)|^2K(\alpha)\mathrm{d}\alpha\right)^{1/2}\mathfrak{J}(2)^{1/2} \ll (\tau X^{1+\varepsilon})^{1/2}\mathfrak{J}(2)^{1/2}, \tag{6.2.3}$$

这里

$$\mathfrak{J}(t)=\int_{\mathfrak{m}_4}|S_2(\lambda_2\alpha)^2S_3(\lambda_3\alpha)^tS_4(\lambda_4\alpha)^2S_5(\lambda_5\alpha)^2|K(\alpha)\mathrm{d}\alpha. \tag{6.2.4}$$

那么，有

$$\begin{aligned}&\mathfrak{J}(2)\\&=\sum_{p\in\mathcal{I}_3}(\log p)\int_{\mathfrak{m}_4}\mathrm{e}(\lambda_3\alpha p^3)S_3(-\lambda_3\alpha)|S_2(\lambda_2\alpha)^2S_4(\lambda_4\alpha)^2S_5(\lambda_5\alpha)^2|K(\alpha)\mathrm{d}\alpha\\&\leqslant(\log X)\sum_{n\in\mathcal{I}_3}\left|\int_{\mathfrak{m}_4}\mathrm{e}(\lambda_3\alpha n^3)S_3(-\lambda_3\alpha)|S_2(\lambda_2\alpha)^2S_4(\lambda_4\alpha)^2S_5(\lambda_5\alpha)^2|K(\alpha)\mathrm{d}\alpha\right|.\end{aligned}$$

因此，利用 Cauchy 不等式，有

$$\mathfrak{J}(2)\ll P_3^{1/2}(\log X)\mathfrak{L}^{1/2}, \tag{6.2.5}$$

这里

$$\mathfrak{L}=\sum_{n\in\mathcal{I}_3}\left|\int_{\mathfrak{m}_4}\mathrm{e}(\lambda_3\alpha n^3)S_3(-\lambda_3\alpha)|S_2(\lambda_2\alpha)^2S_4(\lambda_4\alpha)^2S_5(\lambda_5\alpha)^2|K(\alpha)\mathrm{d}\alpha\right|^2.$$

对于和式 $\mathfrak{L}$，有

$$\begin{aligned}\mathfrak{L}=&\sum_{n\in\mathcal{I}_3}\int_{\mathfrak{m}_4}\int_{\mathfrak{m}_4}|S_2(\lambda_2\alpha)^2S_4(\lambda_4\alpha)^2S_5(\lambda_5\alpha)^2S_2(\lambda_2\beta)^2S_4(\lambda_4\beta)^2S_5(\lambda_5\beta)^2|\\&\times S_3(-\lambda_3\alpha)S_3(\lambda_3\beta)\mathrm{e}(\lambda_3n^3(\alpha-\beta))K(\alpha)K(\beta)\mathrm{d}\alpha\mathrm{d}\beta\\\leqslant&\int_{\mathfrak{m}_4}|S_2(\lambda_2\beta)^2S_4(\lambda_4\beta)^2S_5(\lambda_5\beta)^2S_3(\lambda_3\beta)F(\beta)|K(\beta)\mathrm{d}\beta,\end{aligned} \tag{6.2.6}$$

这里

$$F(\beta)=\int_{\mathfrak{m}_4}|S_2(\lambda_2\alpha)^2S_4(\lambda_4\alpha)^2S_5(\lambda_5\alpha)^2S_3(-\lambda_3\alpha)T(\lambda_3(\alpha-\beta))|K(\alpha)\mathrm{d}\alpha$$

和

$$T(x)=\sum_{n\in\mathcal{I}_3}\mathrm{e}(xn^3).$$

设区间 $\mathcal{M}_\beta(r,b)=\{\alpha\in\mathfrak{m}_4:|r\lambda_3(\alpha-\beta)-b|\leqslant P_3^{-9/4}\}$. 如果区间$\mathcal{M}_\beta(r,b)$ 不为空集，必有

$$|b+r\lambda_3\beta|\leqslant|r\lambda_3(\alpha-\beta)-b|+|r\lambda_3\alpha|\leqslant P_3^{-9/4}+r|\lambda_3|\xi.$$

再设集合$\mathcal{B}=\{b\in\mathbb{Z}:|b+r\lambda_3\beta|\leqslant P_3^{-9/7}+r|\lambda_3|\xi\}$. 把集合$\mathcal{B}$分成两个集合，$\mathcal{B}_1=\{b\in\mathbb{Z}:|b+r\lambda_3\beta|\leqslant r|\lambda_3|\tau^{-1}\}$和$\mathcal{B}_2=\mathcal{B}\backslash\mathcal{B}$. 令

$$\mathcal{M}_\beta=\bigcup_{1\leqslant r\leqslant P_3^{3/4}}\bigcup_{\substack{b\in\mathcal{B}\\(b,r)=1}}\mathcal{M}_\beta(r,b).$$

由第 4 章引理 4.3 知

$$\begin{aligned}F(\beta)\ll&P_3\int_{\mathcal{M}_\beta}\frac{|S_2(\lambda_2\alpha)^2S_4(\lambda_4\alpha)^2S_5(\lambda_5\alpha)^2S_3(-\lambda_3\alpha)|w_3(r)K(\alpha)}{1+P_3^3|\lambda_3(\alpha-\beta)-b/r|}\mathrm{d}\alpha\\&+P_3^{3/4+\varepsilon}\mathfrak{J}(1),\end{aligned} \tag{6.2.7}$$

这里可乘函数 $w_3(r)$ 在第 4 章 4.1 节定义.

注意到对任意 $\alpha\in\mathfrak{m}_4$，有

$$|S_2(\lambda_2\alpha)|\leqslant P_2X^{-1/16+\varepsilon},\ |S_4(\lambda_4\alpha)|\leqslant P_4X^{-1/96+\varepsilon}.$$

由 Cauchy-Schwarz 不等式，得

$$\int_{\mathcal{M}_\beta}\frac{|S_2(\lambda_2\alpha)^2S_4(\lambda_4\alpha)^2S_5(\lambda_5\alpha)^2S_3(-\lambda_3\alpha)|w_3(r)K(\alpha)}{1+P_3^3|\lambda_3(\alpha-\beta)-b/r|}\mathrm{d}\alpha$$

$$\ll\left(\int_{\mathfrak{m}_4}|S_2(\lambda_2\alpha)^4S_3(\lambda_3\alpha)^2S_4(\lambda_4\alpha)^4S_5(\lambda_5\alpha)^2|K(\alpha)\mathrm{d}\alpha\right)^{1/2}(\mathcal{D}(\beta))^{1/2}$$

$$\ll P_2P_4X^{-7/96+\varepsilon}\mathfrak{J}(2)^{1/2}(\mathcal{D}(\beta))^{1/2},$$

这里

$$\mathcal{D}(\beta)=\int_{\mathcal{M}_\beta}\frac{|S_5(\lambda_5\alpha)^2|w_3(r)^2K(\alpha)}{(1+P_3^3|\lambda_3(\alpha-\beta)-b/r|)^2}\mathrm{d}\alpha.$$

下面来估计 $\mathcal{D}(\beta)$. 首先，把$\mathcal{D}(\beta)$ 分成两部分：

$$\mathcal{D}(\beta)=\sum_{1\leqslant r\leqslant P_3^{3/4}}\sum_{\substack{b\in\mathcal{B}\\(b,r)=1}}\int_{\mathcal{M}_\beta(r,b)}\frac{|S_5(\lambda_5\alpha)^2|w_3(r)^2K(\alpha)}{(1+P_3^3|\lambda_3(\alpha-\beta)-b/r|)^2}\mathrm{d}\alpha$$

$$=:\mathcal{D}_1(\beta)+\mathcal{D}_2(\beta),$$

这里

$$\mathcal{D}_j(\beta)=\sum_{1\leqslant r\leqslant P_3^{3/4}}\sum_{\substack{b\in\mathcal{B}_j\\(b,r)=1}}\int_{\mathcal{M}_\beta(r,b)}\frac{|S_5(\lambda_5\alpha)^2|w_3(r)^2K(\alpha)}{(1+P_3^3|\lambda_3(\alpha-\beta)-b/r|)^2}\mathrm{d}\alpha.$$

对于第一部分 $\mathcal{D}_1(\beta)$，有

$$\mathcal{D}_1(\beta)\ll\tau^2\sum_{1\leqslant r\leqslant P_3^{3/4}}w_3(r)^2\sum_{\substack{b\in\mathcal{B}_1\\(b,r)=1}}\int_{|r\lambda_3\gamma|<P_3^{-9/4}}\frac{|S_5(\lambda_5(\beta+\gamma)+b\lambda_5/(r\lambda_3))|^2}{(1+P_3^3|\lambda_3\gamma|)^2}\mathrm{d}\gamma$$

$$\ll\tau^2\sum_{1\leqslant r\leqslant P_3^{3/4}}w_3(r)^2\int_{|r\lambda_3\gamma|<P_3^{-9/4}}\frac{U(\mathcal{B}_1^*)}{(1+P_3^3|\lambda_3\gamma|)^2}\mathrm{d}\gamma,$$

这里

$$U(\mathcal{B}_1^*)=\sum_{b\in\mathcal{B}_1^*}|S_5(\lambda_5(\beta+\gamma)+b\lambda_5/(r\lambda_3))|^2,$$

和

$$\mathcal{B}_1^*=\{b\in\mathbb{Z}:-r([\lambda_3|\tau^{-1}]+1)<b+r\lambda_3\beta$$
$$\leqslant r([|\lambda_3|\tau^{-1}]+1)\}.$$

下面来估计 $U(\mathcal{B}_1^*)$. 由于条件 λ_5/λ_3 为有理数，假设

$$\lambda_5/\lambda_3=u/v,u,v\in\mathbb{Z},(u,v)=1.$$

取

$$r_1=\frac{r}{(u,r)}.$$

那么,有

$$
\begin{aligned}
U(\mathcal{B}_1^*) &= \sum_{p_1,p_2\in\mathcal{I}_5}\sum_{b\in\mathcal{B}_1^*} e((\lambda_5(\beta+\gamma)+b\lambda_5/(r\lambda_3))(p_1^5-{}_2^5))\\
&\leqslant \sum_{p_1,p_2\in\mathcal{I}_5}\left|\sum_{b\in\mathcal{B}_1^*} e\left(\frac{bu}{rv}(p_1^5-{}_2^5)\right)\right|\\
&= 2r([\,|\lambda_3|\tau^{-1}]+1)\sum_{\substack{p_1,p_2\in\mathcal{I}_5\\ u(p_1^5-p_2^5)\equiv 0(\mathrm{mod}\, rv)}} 1\\
&\ll r\tau^{-1}\sum_{\substack{p_1,p_2\in\mathcal{I}_5\\ p_1^5\equiv p_2^5(\mathrm{mod}\, r_1v)}} 1\\
&\ll r\tau^{-1}P_5^2(r_1v)^{-2}\sum_{\substack{1\leqslant b_1,b_2\leqslant r_1v\\ (b_1b_2,r_1v)=1\\ b_1^5\equiv b_2^5(\mathrm{mod}\, r_1v)}} 1\\
&\ll r\tau^{-1}P_5^2(r_1v)^{-1}\sum_{\substack{1\leqslant b\leqslant r_1v\\ b^5\equiv 1(\mathrm{mod}\, r_1v)}} 1\\
&\ll \tau^{-1}P_5^2\mathrm{d}(r)^c.
\end{aligned}
$$

由第 4 章引理 4.4 知,有

$$
\begin{aligned}
\mathcal{D}_1(\beta) &\ll \tau P_5^2\sum_{1\leqslant r\leqslant P_3^{3/4}} w_3(r)^2\mathrm{d}(r)^c\int_{|r\lambda_3\gamma|<P_3^{-9/4}}\frac{1}{(1+P_3^3|\lambda_3\gamma|)^2}\mathrm{d}\gamma\\
&\ll \tau P_5^2X^{-1}\sum_{1\leqslant r\leqslant P_3^{3/4}} w_3(r)^2\mathrm{d}(r)^c\\
&\ll \tau P_5^2X^{-1+\varepsilon}.
\end{aligned}
$$

现在来估计 $\mathcal{D}_2(\beta)$. 首先,不失一般性,只需考虑 b 为正的情况即可,b 为负的类似可得. 考虑集合

$$
\mathcal{B}'_2=\{b\in\mathbb{Z}: r|\lambda_3|\tau^{-1}<b+r\lambda_3\beta\leqslant P_3^{-9/4}+r|\lambda_3|\xi\}.
$$

显然集合 $\mathcal{B}'_2$ 包含在集合

$$
\mathcal{B}_2^*=\{b\in\mathbb{Z}: r\kappa_1<b+r\lambda_3\beta\leqslant r\kappa_2\}
$$

中,这里 $\kappa_1=[\,|\lambda_3|\tau^{-1}]$,$\kappa_2=[\,|\lambda_3|\xi]+2$. 那么,有

$$
\begin{aligned}
&\mathcal{D}_2(\beta)\\
&\ll \sum_{1\leqslant r\leqslant P_3^{3/4}} w_3(r)^2\sum_{b\in\mathcal{B}_2^*}\int_{\mathcal{M}_\beta(r,b)}\frac{|S_5(\lambda_5\alpha)^2|\,|\alpha|^{-2}}{(1+P_3^3|\lambda_3(\alpha-\beta)-b/r|)^2}\mathrm{d}\alpha\\
&\ll \sum_{1\leqslant r\leqslant P_3^{3/4}} w_3(r)^2\sum_{\kappa_1\leqslant k<\kappa_2}\frac{1}{(k-1)^2}\sum_{rk<b+r\lambda_3\beta\leqslant r(k+1)}\int_{\mathcal{M}_\beta(r,b)}\frac{|S_5(\lambda_5\alpha)^2|}{(1+P_3^3|\lambda_3(\alpha-\beta)-b/r|)^2}\mathrm{d}\alpha\\
&\ll \sum_{1\leqslant r\leqslant P_3^{3/4}} w_3(r)^2\sum_{\kappa_1\leqslant k<\kappa_2}\frac{1}{(k-1)^2}\int_{|r\lambda_3\gamma|<P_3^{-9/4}}\frac{U(C_k)}{(1+P_3^3|\lambda_3\gamma|)^2}\mathrm{d}\alpha,
\end{aligned}
$$

这里 $\mathcal{C}_k=\{b\in\mathbb{Z}:rk<b+r\lambda_3\beta\leqslant r(k+1)\}$. 并且，类似于上面 $U(\mathcal{B}_1^*)$ 的估计，易知

$$U(\mathcal{C}_k)\ll P_5^2\mathrm{d}(r)^c.$$

那么，有

$$\mathcal{D}_2(\beta)\ll P_5^2X^{-1}\sum_{1\leqslant r\leqslant P_3^{3/4}}w_3(r)^2\mathrm{d}(r)^c\sum_{\kappa_1\leqslant k<\kappa_2}\frac{1}{(k-1)^2}$$
$$\ll \tau P_5^2X^{-1+\varepsilon}.$$

综上所述，对任意的 $\beta\in\mathbb{R}$，有

$$F(\beta)\ll\tau^{1/2}P_2P_3P_4P_5X^{-1/2-7/96+\varepsilon}\mathfrak{J}(2)^{1/2}+P_3^{3/4+\varepsilon}\mathfrak{J}(1).$$

由上面的式子加上式(6.2.5)和式(6.2.6)，得

$$\mathfrak{J}(2)\ll P_3^{7/8}\mathfrak{J}(1)+\tau^{1/4}(P_2P_3^2P_4P_5)^{1/2}X^{-1/4-7/192+\varepsilon}\mathfrak{J}(1)^{1/2}\mathfrak{J}(2)^{1/4}.$$

又由引理 6.1 和 Holder 不等式知，

$$\mathfrak{J}(1)\leqslant\mathfrak{J}(2)^{1/3}\left(\int_{-\infty}^{+\infty}|S_2(\lambda_2\alpha)^2S_4(\lambda_4\alpha)^4|K(\alpha)\mathrm{d}\alpha\right)^{1/3}\times$$
$$\left(\int_{-\infty}^{+\infty}|S_2(\lambda_2\alpha)^2S_5(\lambda_5\alpha)^6|K(\alpha)\mathrm{d}\alpha\right)^{1/6}\left(\int_{-\infty}^{+\infty}|S_2(\lambda_2\alpha)S_3(\lambda_3\alpha)S_5(\lambda_5\alpha)|^2K(\alpha)\mathrm{d}\alpha\right)^{1/6}$$
$$\ll\mathfrak{J}(2)^{1/3}(\tau P_2^2P_4^4X^{-1+\varepsilon})^{1/3}(\tau P_2^2P_5^6X^{-1+\varepsilon})^{1/6}(\tau P_2^2P_3^2P_5^2X^{-1+\varepsilon})^{1/6}$$
$$\ll\mathfrak{J}(2)^{1/3}(\tau P_2^2P_3^{1/2}P_4^2P_5^2X^{-1+\varepsilon})^{2/3}.$$

那么，有

$$\mathfrak{J}(2)\ll P_3^{7/8}\mathfrak{J}(2)^{1/3}(\tau P_2^2P_3^{1/2}P_4^2P_5^2X^{-1+\varepsilon})^{2/3}$$
$$+\mathfrak{J}(2)^{5/12}\tau^{7/12}(P_2P_3P_4P_5)^{7/6}X^{-7/12-7/192+\varepsilon}.$$

这就意味着

$$\mathfrak{J}(2)\ll\tau P_2^2P_3^{1/2}P_4^2P_5^2X^{-1+\varepsilon}P_3^{21/16}+\tau(P_2P_3P_4P_5)^2X^{-1-1/16+\varepsilon}$$
$$\ll\tau X^{47/30-1/16+\varepsilon}.$$

把上面的式子代入式(6.2.3)即得引理.

从而，就证明了

$$J(\mathfrak{m})\ll\tau X^{77/60-1/32+\varepsilon}.$$

最后，利用上面的式子加上式(6.1.3)和引理 6.2、引理 6.3 即得定理 6.2.

6.3 一个素数和三个素数的平方

本节介绍一类经典的一次、二次混合素变数丢番图逼近. 这个问题首先由李伟平和王天泽研究. 随后，Languasco 和 Zaccagnini、刘志新和孙海伟、王玉超和姚维利分别做了进一步的改进. 本节先来介绍刘志新和孙海伟利

用 Harman 方法得到的结果.

定理 6.3(刘志新、孙海伟) 设 $\lambda_1,\lambda_2,\lambda_3,\lambda_4$ 是非零实数,且不全同号.再设 $\tilde{\omega}$ 为任意实数.若比值 λ_1/λ_2 为无理数,那么对于任意 $\varepsilon>0$,素变数不等式

$$|\lambda_1 p_1+\lambda_2 p_2^2+\lambda_3 p_3^2+\lambda_4 p_4^2+\tilde{\omega}|<(\max p_j)^{-1/16+\varepsilon}$$

有无穷多组素数解.

设 η 为一个充分小的正实数, a/q 是无理数 λ_1/λ_2 的一个有理逼近,这里 q 相对于 η 是充分大的.再设 $X=q^2$, $P=X^{1/2}$, $0<\tau<1$,通常 τ 取为 X 的某个负方幂,因此,当 X 充分大时, τ 充分小.定义

$$S_1(\alpha)=\sum_{\eta X<p\leqslant X}(\log p)\mathrm{e}(\alpha p),\ I_1(\alpha)=\int_{\eta X}^{X}\frac{\mathrm{e}(\alpha x)}{\log x}\mathrm{d}x,$$

$$S_2(\alpha)=\sum_{\eta X<p^2\leqslant X}(\log p)\mathrm{e}(\alpha p^2),\ I_2(\alpha)=\int_{(\eta X)^{1/2}}^{X^{1/2}}\frac{\mathrm{e}(\alpha x^2)}{\log x}\mathrm{d}x,$$

$$U_1(\alpha)=\sum_{\eta X<n\leqslant X}\mathrm{e}(n\alpha),U_2(\alpha)=\sum_{\eta X<n^2\leqslant X}\mathrm{e}(n^2\alpha).$$

对于任意实数集 $\mathbb{R}$上的可测集 $\mathfrak{X}$,定义

$$J(\mathfrak{X}):=\int_{\mathfrak{X}}S_1(\lambda_1\alpha)S_2(\lambda_2\alpha)S_2(\lambda_3\alpha)S_2(\lambda_4\alpha)\mathrm{e}(\tilde{\omega}\alpha)K(\alpha)\mathrm{d}\alpha. \tag{6.3.1}$$

由引理 1.1,得

$$\begin{aligned}J(\mathbb{R})&=\sum_{\eta X<p_1,p_2^2,p_3^2,p_4^2\leqslant X}(\log p_1)\cdots(\log p_4)\\&\quad\int_{\mathbb{R}}\mathrm{e}(\alpha(\lambda_1 p_1+\lambda_2 p_2^2+\lambda_3 p_3^2+\lambda_4 p_4^2+\tilde{\omega}))K(\alpha)\mathrm{d}\alpha\\&\leqslant(\log X)^4\sum_{\eta X<p_1,p_2^2,p_3^2,p_4^2\leqslant X}A(\lambda_1 p_1+\lambda_2 p_2^2+\lambda_3 p_3^2+\lambda_4 p_4^2+\tilde{\omega})\\&\leqslant\tau(\log X)^4\mathcal{N}(X,\tau),\end{aligned}\tag{6.3.2}$$

这里 $\mathcal{N}(X,\tau)$ 表示素变数丢番图不等式

$$|\lambda_1 p_1+\lambda_2 p_2^2+\lambda_3 p_3^2+\lambda_4 p_4^2+\tilde{\omega}|<\tau$$

素数解 $\eta X<p_1,p_2^2,p_3^2,p_4^2\leqslant X$ 的个数.

为了估计积分 $J(\mathbb{R})$,把实数轴分成三部分:主区间 $\mathfrak{M}$、余区间 $\mathfrak{m}$ 和平凡区间 $\mathfrak{t}$,这里

$$\mathfrak{M}=\{\alpha:|\alpha|\leqslant 1\},\mathfrak{m}=\{\alpha:1<|\alpha|\leqslant\xi\},\mathfrak{t}=\{\alpha:|\alpha|>\xi\},$$

其中 $\xi=\tau^{-2}X^{2\varepsilon}$.

由第 6 章 6.1 节类似的讨论,易知

$$J(\mathfrak{M})\gg\tau^2X^{3/2},\tag{6.3.3}$$

$$J(\mathfrak{t})=o(\tau^2X^{3/2}).\tag{6.3.4}$$

下面来考虑余区间上的积分. 设 $\mathfrak{m}' = \mathfrak{m}_1 \cup \mathfrak{m}_2, \hat{\mathfrak{m}} = \mathfrak{m} \backslash \mathfrak{m}'$, 这里

$$\mathfrak{m}_1 = \{\alpha \in \mathfrak{m}: |S_1(\lambda_1\alpha)| \leqslant X^{1-1/8+2\varepsilon}\},$$

$$\mathfrak{m}_2 = \{\alpha \in \mathfrak{m}: |S_2(\lambda_2\alpha)| \leqslant X^{1/2-1/16+2\varepsilon}\}.$$

有下面的引理.

引理 6.9 有

$$\int_{\mathfrak{m}'} S_1(\lambda_1\alpha)S_2(\lambda_2\alpha)S_2(\lambda_3\alpha)S_2(\lambda_4\alpha)\mathrm{e}(\tilde{\omega}\alpha)K(\alpha)\mathrm{d}\alpha \ll \tau X^{3/2-1/16+\varepsilon}.$$

证明:由 $\mathfrak{m}'$ 的定义,只需考虑 $\mathfrak{m}_1$ 和 $\mathfrak{m}_2$ 上的积分即可. 由引理 6.1 和 Holder 不等式知,有

$$\begin{aligned}
&\int_{\mathfrak{m}_1} S_1(\lambda_1\alpha)S_2(\lambda_2\alpha)S_2(\lambda_3\alpha)S_2(\lambda_4\alpha)\mathrm{e}(\tilde{\omega}\alpha)K(\alpha)\mathrm{d}\alpha \\
&\ll \max_{\alpha\in\mathfrak{m}_1} |S_1(\lambda_1\alpha)|^{1/2}\left(\int_{-\infty}^{+\infty} |S_1(\lambda_1\alpha)|^2 K(\alpha)\mathrm{d}\alpha\right)^{1/4} \\
&\quad \times \left(\int_{-\infty}^{+\infty} |S_2(\lambda_2\alpha)^4| K(\alpha)\mathrm{d}\alpha\right)^{1/4}\left(\int_{-\infty}^{+\infty} |S_2(\lambda_3\alpha)^4| K(\alpha)\mathrm{d}\alpha\right)^{1/4} \\
&\quad \times \left(\int_{-\infty}^{+\infty} |S_2(\lambda_4\alpha)^4| K(\alpha)\mathrm{d}\alpha\right)^{1/4} \\
&\ll \tau X^{3/2-1/16+\varepsilon},
\end{aligned}$$

和

$$\begin{aligned}
&\int_{\mathfrak{m}_2} S_1(\lambda_1\alpha)S_2(\lambda_2\alpha)S_2(\lambda_3\alpha)S_2(\lambda_4\alpha)\mathrm{e}(\tilde{\omega}\alpha)K(\alpha)\mathrm{d}\alpha \\
&\ll \max_{\alpha\in\mathfrak{m}_2} |S_2(\lambda_2\alpha)|\left(\int_{-\infty}^{+\infty} |S_1(\lambda_1\alpha)|^2 K(\alpha)\mathrm{d}\alpha\right)^{1/2} \\
&\quad \times \left(\int_{-\infty}^{+\infty} |S_2(\lambda_3\alpha)^4| K(\alpha)\mathrm{d}\alpha\right)^{1/4}\left(\int_{-\infty}^{+\infty} |S_2(\lambda_4\alpha)^4| K(\alpha)\mathrm{d}\alpha\right)^{1/4} \\
&\ll \tau X^{3/2-1/16+\varepsilon}.
\end{aligned}$$

从而引理得证.

引理 6.10 有

$$\int_{\hat{\mathfrak{m}}} S_1(\lambda_1\alpha)S_2(\lambda_2\alpha)S_2(\lambda_3\alpha)S_2(\lambda_4\alpha)\mathrm{e}(\tilde{\omega}\alpha)K(\alpha)\mathrm{d}\alpha \ll \tau X^{3/2-1/16+\varepsilon}.$$

证明:把区间 $\hat{\mathfrak{m}}$ 分成一些互不相交的子集合 $S(Z_1,Z_2,y)$, 这里集合 $S(Z_1,Z_2,y) = \{\alpha \in \hat{\mathfrak{m}}: Z_j \leqslant |S_j(\lambda_j\alpha)| < 2Z_j, j = 1,2; y \leqslant |\alpha| < 2y\}$, 其中 $Z_1 = X^{1-1/8+2\varepsilon}2^{t_1}, Z_2 = X^{1/2-1/16+2\varepsilon}2^{t_2}, y = 2^s, t_1, t_2, s$ 为正整数. 那么由推论 6.1 和推论 6.2 知,存在两对互素的整数 (a_1,q_1) 和 (a_2,q_2), 满足 $a_1a_2 \neq 0$ 和

$$1 \leqslant q_1 \ll (X/Z_1)^2 X^{\varepsilon},\ |q_1\lambda_1\alpha - a_1| \ll (X/Z_1)^2 X^{\varepsilon-1},$$

$$1 \leqslant q_2 \ll (P_2/Z_2)^4 P_2^{\varepsilon},\ |q_2\lambda_2\alpha - a_2| \ll (P_2/Z_2)^4 P_2^{\varepsilon-2}.$$

那么对于任意 $\alpha \in S(Z_1, Z_2, y)$，都有

$$\left|\frac{a_j}{\alpha}\right| \ll q_j, j = 1, 2.$$

根据 q_j 的大小，进一步把集合 $S(Z_1, Z_2, y)$ 分为子集合 $S(Z_1, Z_2, y, Q_1, Q_2)$，这里 $Q_j \leqslant q_j < 2Q_j$. 那么，有

$$\begin{aligned}\left|a_2 q_1 \frac{\lambda_1}{\lambda_2} - a_1 q_2\right| &= \left|\frac{a_2(q_1\lambda_1\alpha - a_1) + a_1(a_2 - q_2\lambda_2\alpha)}{\lambda_2\alpha}\right| \\ &\ll Q_2(X/Z_1)^2 X^{\varepsilon-1} + Q_1(P_2/Z_2)^4 P_2^{\varepsilon-2} \\ &\ll (X/Z_1)^2 X^{\varepsilon}(P_2/Z_2)^4 P_2^{\varepsilon-2} \\ &\ll \frac{X^{3+2\varepsilon}}{Z_1^2 Z_2^4} \ll X^{-1/2-10\varepsilon}.\end{aligned}$$

并且还有

$$|a_2 q_1| \ll X^{2\varepsilon} y Q_1 Q_2.$$

设 $|a_2 q_1|$ 最多可以取 R 个不同的值. 取 $X = q^2$，这里 a/q 是无理数 λ_1/λ_2 的有理逼近. 由引理 1.4 和鸽巢原理知，

$$R \ll \frac{X^{2\varepsilon} y Q_1 Q_2}{q}.$$

由每个 $|a_2 q_1|$ 的值最多对应不超过 P^{ε} 对 a_2, q_1，从而可知，$S(Z_1, Z_2, y, Q_1, Q_2)$ 由最多由 RP^{ε} 个长度不超过

$$\min(Q_1^{-1}(X/Z_1)^2 X^{\varepsilon-1}, Q_2^{-1}(P_2/Z_2)^4 P_2^{\varepsilon-2}) \ll \frac{X^{1+\varepsilon}}{Z_1 Z_2^2 Q_1^{1/2} Q_2^{1/2}}$$

的集合构成. 所以集合 $S(Z_1, Z_2, y, Q_1, Q_2)$ 的测度

$$\mu(S(Z_1, Z_2, y, Q_1, Q_2)) \ll \frac{yX^{1+3\varepsilon} Q_1^{1/2} Q_2^{1/2}}{qZ_1 Z_2^2} \ll \frac{yX^{3+4\varepsilon}}{qZ_1^2 Z_2^4}.$$

那么，在集合 $S(Z_1, Z_2, y, Q_1, Q_2)$ 上的积分为

$$\begin{aligned}&\int S_1(\lambda_1\alpha) S_2(\lambda_2\alpha) S_2(\lambda_3\alpha) S_2(\lambda_4\alpha) \mathrm{e}(\tilde{\omega}\alpha) K(\alpha) \mathrm{d}\alpha \\ &\ll \left(\int |S_1(\lambda_1\alpha)|^2 |S_2(\lambda_2\alpha)|^2 K(\alpha) \mathrm{d}\alpha\right)^{1/2} \\ &\quad \times \left(\int_{-\infty}^{+\infty} |S_2(\lambda_3\alpha)|^4 K(\alpha) \mathrm{d}\alpha\right)^{1/4} \left(\int_{-\infty}^{+\infty} |S_2(\lambda_4\alpha)|^4 K(\alpha) \mathrm{d}\alpha\right)^{1/4} \\ &\ll \tau^{1/2} X^{1/2+\varepsilon} \left(\min(\tau^2, y^{-2}) Z_1^2 Z_2^2 \frac{yX^{3+4\varepsilon}}{qZ_1^2 Z_2^4}\right)^{1/2} \\ &\ll \tau \frac{X^{2+3\varepsilon}}{q^{1/2} Z_2} \\ &\ll \tau X^{3/2-3/16+3\varepsilon}.\end{aligned}$$

对 Z_1, Z_2, y, Q_1, Q_2 所有可能的情况求和即得，

$$\int_{\tilde{\mathfrak{m}}} S_1(\lambda_1\alpha)S_2(\lambda_2\alpha)S_2(\lambda_3\alpha)S_2(\lambda_4\alpha)e(\tilde{\omega}\alpha)K(\alpha)\mathrm{d}\alpha \ll \tau X^{3/2-3/16+3\varepsilon}.$$

从而引理得证.

由引理 6.9 和引理 6.10,可以得到下面的引理.

引理 6.11 有

$$\int_{\mathfrak{m}} S_1(\lambda_1\alpha)S_2(\lambda_2\alpha)S_2(\lambda_3\alpha)S_2(\lambda_4\alpha)e(\tilde{\omega}\alpha)K(\alpha)\mathrm{d}\alpha \ll \tau X^{3/2-1/16+\varepsilon}.$$

最后,利用公式(6.3.3)和公式(6.3.4)以及引理 6.11 即得定理 6.3.

6.4 一个素数和三个素数的平方结果进一步的改进

本节介绍如果对系数稍微添加一些限制,利用筛法可以得到更好的逼近结果.本节部分结果基于作者与赵峰发表于 2019 年的成果.这里用到了 Kunchev 和赵立璐建立的筛法,由于本书不侧重于筛法的计算,只介绍筛法的结论,不去讨论计算的细节.

设 $\mathcal{N}(X,\tau)$ 表示素变数不等式

$$|\lambda_1 p_1+\lambda_2 p_2^2+\lambda_3 p_3^2+\lambda_4 p_4^2+\tilde{\omega}|<\tau$$

的素数解 $\eta X<p_1,p_2^2,p_3^2,p_4^2\leqslant X$ 的个数.

定理 6.4 设 $\lambda_1,\lambda_2,\lambda_3,\lambda_4$ 是非零实数,且不全同号.再设 $\tilde{\omega}$ 为任意实数.若比值 λ_1/λ_2 和 λ_1/λ_3 均为无理数,且存在实数 $\omega\in[0,1)$,对无理数 $\lambda_1/\lambda_k(k=2,3)$ 的有理逼近分数的分母 $q_{k,j}$ 满足

$$q_{k,j+1}^{1-\omega}\ll q_{k,j}. \tag{6.4.1}$$

对于任意 $\varepsilon>0,X\geqslant 1$,有

$$\mathcal{N}(X,X^{-\chi/2+\varepsilon})\gg X^{3/2-\chi/2+\varepsilon}(\log X)^{-4},$$

其中

$$\chi=\min\left(\frac{1-\omega}{6-4\omega},\frac{5}{32}+10^{-4}\right).$$

定理 6.5 设 $\lambda_1,\lambda_2,\lambda_3,\lambda_4$ 是非零实数,且不全同号.再设 $\tilde{\omega}$ 为任意实数.若比值 λ_1/λ_2 和 λ_1/λ_3 均为无理数和代数数.那么素变数丢番图不等式

$$|\lambda_1 p_1+\lambda_2 p_2^2+\lambda_3 p_3^2+\lambda_4 p_4^2+\tilde{\omega}|<(\max(p_1,p_2^2,p_3^2,p_4^2))^{-5/64}$$

有无穷多组素数解.

注:实际上,当公式(6.4.1)中的 ω 取值 $0\leqslant\omega<1/6$ 时,那么

$$\chi=\frac{5}{32}+10^{-4},$$

因此,这时定理 6.3 仍然成立.

设 η 为一个充分小的正实数，X 是一个相对 η 的充分大量. 再设 $P = X^{1/2}$, $L = \log X$, $0 < \tau < 1$, 通常 τ 取为 X 的某个负方幂, 因此当 X 充分大时, τ 充分小.

引入向量筛法. 设函数 $\rho_0 = \rho$ 是素数的特征函数, 即

$$\rho_0(n) = \begin{cases} 1, n \text{ 是素数}; \\ 0, \text{其他}. \end{cases}$$

利用文献[48]中建立的素数特征函数 ρ_0 的上下界函数 ρ_j, $j = 1, 2, 3$. 这里 ρ_j 满足下面的关系式. 对任意自然数 m, k, 有

$$\rho_0(m)\rho_0(k) \geqslant \rho_1(m)\rho_0(k) - \rho_3(m)\rho_2(k). \tag{6.4.2}$$

定义

$$f_j(\alpha) = \sum_{\eta X < n^2 \leqslant X} \rho_j(n) e(n^2\alpha), j = 0, 1, 2, 3,$$

$$I_1(\alpha) = \int_{\eta X}^{X} \frac{e(\alpha x)}{\log x} dx, I_2(\alpha) = \int_{(\eta X)^{1/2}}^{X^{1/2}} \frac{e(\alpha x^2)}{\log x} dx,$$

$$U_1(\alpha) = \sum_{\eta X < n \leqslant X} e(n\alpha), U_2(\alpha) = \sum_{\eta X < n^2 \leqslant X} e(n^2\alpha),$$

$$T(\alpha) = \sum_{\eta X < n \leqslant X} \rho_0(n) e(n\alpha).$$

为了方便, 记

$$F(\alpha) := T(\lambda_1\alpha)(f_1(\lambda_2\alpha)f_0(\lambda_3\alpha) - f_3(\lambda_2\alpha)f_2(\lambda_3\alpha))f_0(\lambda_4\alpha).$$

对于任意实数集 $\mathbb{R}$上的可测集 $\mathfrak{X}$, 定义

$$J(\mathfrak{X}) := \int_{\mathfrak{X}} F(\alpha) e(\tilde{\omega}\alpha) K(\alpha) d\alpha. \tag{6.4.3}$$

由引理 1.1 和公式(6.4.2), 得

$$\begin{aligned} J'(\mathbb{R}) = & \sum_{\eta X < n_1, n_2^2, n_3^2, n_4^2 \leqslant X} \rho_0(n_1)(\rho_1(n_2)\rho_0(n_3) - \rho_3(n_2)\rho_2(n_3))\rho_0(n_4) \\ & \times A(\lambda_1 n_1 + \lambda_2 n_2^2 + \lambda_3 n_3^2 + \lambda_4 n_4^2 + \tilde{\omega}) \\ \leqslant & \sum_{\eta X < p_1, p_2^2, p_3^2, p_4^2 \leqslant X} A(\lambda_1 p_1 + \lambda_2 p_2^2 + \lambda_3 p_3^2 + \lambda_4 p_4^2 + \tilde{\omega}) \\ \leqslant & \tau \mathcal{N}(X, \tau), \end{aligned} \tag{6.4.4}$$

这里 $\mathcal{N}(X, \tau)$ 表示素变数不等式

$$|\lambda_1 p_1 + \lambda_2 p_2^2 + \lambda_3 p_3^2 + \lambda_4 p_4^2 + \tilde{\omega}| < \tau$$

的素数解 $\eta X < p_1, p_2^2, p_3^2, p_4^2 \leqslant X$ 的个数.

为了估计积分 $J'(\mathbb{R})$, 把实数轴分成三部分: 主区间 $\mathfrak{M}$、余区间 $\mathfrak{m}$ 和平凡区间 $\mathfrak{t}$, 这里

$$\mathfrak{M} = \{\alpha : |\alpha| \leqslant \phi\}, \mathfrak{m} = \{\alpha : \phi < |\alpha| \leqslant \xi\}, \mathfrak{t} = \{\alpha : |\alpha| > \xi\},$$

其中 $\phi = X^{-1+\sigma-\varepsilon}$，$\xi = \tau^{-2}X^{2\varepsilon}$. 从现在开始一直到本节结束，一直记

$$\sigma = \frac{5}{32} + 10^{-4}.$$

利用前几章类似的讨论，很容易估计平凡区间上的积分.

$$J'(\mathrm{t}) \ll \tau^2 X^{3/2-\varepsilon}. \tag{6.4.5}$$

在计算主区间和余区间上的积分以前，要先来讨论筛函数 ρ_j 的性质. 利用文献[48]，关于筛函数 ρ_j 有如下基本性质.

(i) 函数 $\rho_j(j=1,2)$ 可以写成 $O(L^c)$ 个系数 a_n 的线性组合形式，这里系数 a_n 具有下面的形式：

$$a_n = \sum_{rm=n,r\sim R} \xi_r, \qquad (\text{Ⅰ型和})$$

其中 $R \ll P^{1-3\sigma}$.

或者具有形式：

$$a_n = \sum_{rsm=n,r\sim R,s\sim S} \xi_{r,s}, \qquad (\text{Ⅰ}'\text{型和})$$

其中 $R \ll P^{1-3\sigma}$ 且 $RS^2 \leqslant 0.1P^{1-2\sigma}$，

或者具有形式：

$$a_n = \sum_{rs=n,r\sim R} \xi_r\eta_s, \qquad (\text{Ⅱ型和})$$

其中 $P^{2\sigma} \ll R \ll P^{1-4\sigma}$.

(ii) 函数 ρ_3 可以写成 $O(L^c)$ 个系数 a_n 的线性组合形式，这里系数 a_n 具有下面的形式：

$$a_n = \sum_{rs=n,r\sim R} \xi_r\eta_s, \qquad (\text{Ⅱ}'\text{型和})$$

其中 $P^{1-4\sigma} \ll R \ll P^{1/2}$.

这里，符号 $r \sim R$ 表示 $R < r \leqslant 2R$；系数 a_n，ξ_r 和 η_s 都是有除数界的，也就是说，存在常数 c，使得 $a_n \ll \mathrm{d}(n)^c$，这里 $\mathrm{d}(n)$ 是除数函数.

利用 Kunchev 和赵立璐的结果，有下面的引理.

引理 6.12 设 α 为任一实数，存在整数 a,q 满足

$$a \in \mathbb{Z}, q \in \mathbb{N}, (a,q) = 1, |q\alpha - a| < q^{-1}.$$

对任意 $\varepsilon > 0$，$j = 1,2$，有

$$f_j(\alpha) \ll X^{1/2-\sigma/2+\varepsilon} + X^{1/2+\varepsilon}q^{-1/4} + X^{1/4+\varepsilon}q^{1/4}.$$

证明：令

$$U = \min(q^{1/4}, (P^2/q)^{1/4}, P^\sigma),$$

$$\kappa = \left(\frac{RU}{P}\right)^2.$$

注意到 $P^2 = X$，所以要证明引理只需证明

$$f_j(\alpha) \ll \frac{P^{1+\varepsilon}}{U}, j = 1,2$$

即可.

显然,要证明上面的式子,只需要证明把求和中的 ρ_j 替换成前面定义的Ⅰ型、Ⅰ′型和Ⅱ型和也成立.

首先,回忆一下 Harman 的结果. Harman 证明了:当

$$V \leqslant P^{2\sigma} \leqslant R \leqslant P^{1-3\sigma+\varepsilon}$$

时,有

$$\begin{aligned}&|\{(r,v) \in \mathbb{Z}^2 : r \sim R, v \sim V, \|\alpha v r^2\| < \kappa\}|\\ &\ll P^{\varepsilon}\left(\frac{R^3U^2V^2}{P^2} + R^{1/2}V^{1/2} + \frac{RV}{q^{1/2}} + q^{1/2}(\kappa V)^{1/2}\right).\end{aligned} \tag{6.4.6}$$

下面根据求和类型分三种情况讨论.

情形 1:对于Ⅰ型和,利用 Harman 的方法.

当 $R \leqslant P^{2\sigma}$ 时,如果 $R \geqslant U^2$ 利用文献[38]引理 3 的推论,否则利用文献[38]引理 4,都有

$$\sum_{r\sim R}\sum_{rm\sim P} \mathrm{e}(\alpha r^2 m^2) \ll P^{1+\varepsilon}U^{-1}.$$

当 $P^{2\sigma} < R \ll P^{1-3\sigma}$ 时,由 Dirichlet 逼近定理知,存在整数 l,v 满足

$$1 \leqslant v \leqslant \kappa^{-1}, (l,v) = 1, |\alpha v r^2 - l| < \kappa.$$

那么,对于那些 $v \geqslant U^2$ 的 v, 由经典的 Weyl 不等式得

$$\begin{aligned}&\sum_{r\sim R}\xi_r \sum_{rm\sim P} \mathrm{e}(\alpha r^2 m^2)\\ &\ll P^{\varepsilon}\sum_{r\sim R}\frac{P^{1+\varepsilon}}{R}\left(\frac{1}{v} + \frac{R}{P} + \frac{vR^2}{P^2}\right)^{1/2}\\ &\ll P^{\varepsilon}\left(\frac{1}{v} + \frac{R}{P} + \frac{vR^2}{P^2}\right)^{1/2}\\ &\ll P^{1+\varepsilon}U^{-1} + P^{1-3\sigma/2+\varepsilon} + \kappa^{-1/2}RP^{\varepsilon}\\ &\ll P^{1+\varepsilon}U^{-1}.\end{aligned}$$

对于那些 $v < U^2$ 的 v,利用二分法. 设 $2V \leqslant U^2$. 由经典的 Weyl 不等式和(6.4.6)式得,

$$\begin{aligned}&\sum_{r\sim R}\xi_r \sum_{rm\sim P} \mathrm{e}(\alpha r^2 m^2)\\ &\ll P^{\varepsilon} \sum_{r\sim R, v\sim V, \|\alpha v r^2\| < \kappa} \frac{P^{1+\varepsilon}}{RV^{1/2}}\\ &\ll \frac{P^{1+\varepsilon}}{RV^{1/2}}\left(\frac{R^3U^2V^2}{P^2} + R^{1/2}V^{1/2} + \frac{RV}{q^{1/2}} + q^{1/2}(\kappa V)^{1/2}\right)\\ &\ll P^{1+\varepsilon}\left(\frac{R^2U^5}{P^2} + \frac{1}{R^{1/2}} + \frac{U}{q^{1/2}} + \frac{q^{1/2}U}{P}\right)\end{aligned}$$

$$\ll P^{1+\varepsilon}U^{-1}.$$

从而情形 1 得证.

情形 2:对于Ⅰ′型和,用 Kunchev 和赵立璐的方法. 可以假设

$$RS \geqslant P^{1-3\sigma}, S \ll P^{\sigma}, P^{2\sigma} \ll R \ll P^{1-3\sigma},$$

否则Ⅰ′型和就退化成了Ⅰ型和,由情形 1 的讨论立得. 利用经典的 Weyl 不等式,得

$$\sum := \sum_{r\sim R}\sum_{s\sim S}\sum_{rsm\sim P}\xi_{r,s}\mathrm{e}(\alpha r^2 s^2 m^2)$$
$$\ll \frac{P^{1+\varepsilon}}{U} + \sum_{(r,s)\in\Omega}\frac{u^{-1/2}P^{1+\varepsilon}/(RS)}{1+(P/(RS))^2\mid \alpha r^2 s^2 - b/u\mid},$$

这里集合 Ω 表示 $\mathbb{Z}^2$ 中的一些两元数组 (r,s) 构成的集合,这些二元数组 (r,s) 满足

$$r\sim R, s\sim S,$$

并且存在整数 b,u 使得

$$1\leqslant u\leqslant U^2, (b,u)=1, \mid \alpha u r^2 s^2 - b\mid < (RSU)^2 P^{-2}.$$

若 $(r,s)\in\Omega$, 那么由 Dirichlet 逼近定理知,存在整数 b_1, u_1 满足

$$1\leqslant u_1\leqslant 10S^2P^{2\sigma}, (b_1,u_1)=1, \mid \alpha u_1 r^2 - b_1\mid < \frac{1}{10S^2X^{2\sigma}}.$$

注意到此时 $RS^2\leqslant X^{1-2\sigma}/10$. 那么,有

$$\mid b_1 u s^2 - b u_1\mid \leqslant 1/2.$$

因此,就有

$$\frac{b}{u} = \frac{b_1 s^2}{u_1}, u = \frac{u_1}{(u_1, s^2)}.$$

那么,有

$$\Sigma \ll \frac{P^{1+\varepsilon}}{U} + \sum_{r\sim R}\frac{u_1^{-1/2}P^{1+\varepsilon}/R}{1+(P/R)^2\mid \alpha r^2 - b_1/u_1\mid}.$$

考虑上面式子的右边,显然,如果 $u_1\geqslant U^2$ 或者 $\mid \alpha u_1 r^2 - b_1\mid \geqslant \kappa$, 这时就有

$$\Sigma \ll \frac{P^{1+\varepsilon}}{U}.$$

所以只剩下 $u_1 < U^2$ 且 $\mid \alpha u_1 r^2 - b_1\mid < \kappa$ 这种情况. 此时,利用二分法,有

$$\Sigma \ll \frac{P^{1+\varepsilon}}{U} + \frac{P^{1+\varepsilon}\mid R\mid}{R^{-1}V^{-1/2}},$$

这里集合

$$R = \{(r,u_1)\in\mathbb{Z}^2 : r\sim R, u_1\sim V, \|\alpha u_1 r^2\| < \kappa\}.$$

注意到

$$1\leqslant V\leqslant U^2\leqslant P^{2\sigma}\ll R\ll P^{1-3\sigma}.$$

由公式(6.4.6)得

$$\Sigma \ll \frac{P^{1+\varepsilon}}{U}.$$

这就完成了情形 2 的证明.

情形 3:对于Ⅱ型和,利用 Ghosh 经典的估计易得,有兴趣的读者参考文献[33].

这就完成了引理的证明.

利用上面的引理,可得下面的推论.

推论 6.4　假设

$$X^{1/2} \geqslant Z \geqslant X^{1/2-\sigma/2+\varepsilon}, f_j(\alpha) > Z, j = 1,2,$$

那么存在整数 a,q 满足

$$(a,q) = 1, 1 \leqslant q \ll \left(\frac{X^{1/2}}{Z}\right)^4 X^{\varepsilon}, \mid q\alpha - a \mid \ll \left(\frac{X^{1/2}}{Z}\right)^4 X^{\varepsilon-1}.$$

在计算主区间上的积分之前,还需要关于筛函数 ρ_j 的一些均值结果.

引理 6.13　存在正实数 C_1, C_2 和 C_3,

$$C_1 - C_2 C_3 > 0,$$

使得对于任意实数 $\vartheta \in [(4\phi X)^{-1}, (4\eta\phi X)^{-1}]$,任意 $A \geqslant 0, j = 1,2,3$, 都有

$$\int_{(\eta X)^{1/2}}^{X^{1/2}} \left(\sum_{y < n \leqslant y + y\vartheta} \left(\rho_j(n) - \frac{C_j}{\log n}\right)\right)^2 \mathrm{d}y \ll \frac{L^{-A}}{\phi^2 X^{1/2}}. \tag{6.4.7}$$

证明:令

$$\vartheta' = \exp(-3(\log X)^{1/3}).$$

记

$$\mathcal{A} = (y, y + y\vartheta], \mathcal{B} = (y, y + y\vartheta'].$$

先证明

$$\int_{(\eta X)^{1/2}}^{X^{1/2}} \left(\sum_{n \in \mathcal{A}} \rho_j(n) - \frac{\vartheta}{\vartheta'} \sum_{n \in \mathcal{B}} \rho_j(n)\right)^2 \mathrm{d}y \ll \frac{L^{-A}}{\phi^2 X^{1/2}}. \tag{6.4.8}$$

显然,要证明式(6.4.8),只需证明把式(6.4.8)中的 ρ_j 替换成Ⅰ型和、Ⅰ′型和、Ⅱ型和和Ⅱ′型和仍然成立即可.下面就分两种情况讨论.

情形 1:如果是Ⅰ型和或者Ⅰ′型和,此时由前面关于Ⅰ型和或者Ⅰ′型和的定义知,其实就是考察下面的和式

$$\sum_{\substack{rm = n \\ r \sim R}} \xi_r,$$

其中 $R \ll X^{1/2-\sigma}$.

那么,就有

$$\left| \sum_{\substack{rm \in \mathcal{A} \\ r \sim R}} \xi_r - \frac{\vartheta}{\vartheta'} \sum_{\substack{rm \in \mathcal{B} \\ r \sim R}} \xi_r \right|$$

$$= \left| \sum_{r \sim R} \xi_r \left(\left[\frac{y\vartheta}{r} \right] - \frac{\vartheta}{\vartheta'} \left[\frac{y\vartheta'}{r} \right] \right) \right|$$
$$\leqslant \sum_{r \sim R} |\xi_r|$$
$$\ll RX^{\varepsilon/2}$$
$$\ll X^{1/2-\sigma+\varepsilon/2}.$$

因此,有

$$\int_{(\eta X)^{1/2}}^{X^{1/2}} \left(\sum_{\substack{rm \in \mathcal{A} \\ r \sim R}} \xi_r - \frac{\vartheta}{\vartheta'} \sum_{\substack{rm \in \mathcal{B} \\ r \sim R}} \xi_r \right)^2 \mathrm{d}y \ll X^{3/2-2\sigma-\varepsilon} \ll \frac{L^{-A}}{\phi^2 X^{1/2}}.$$

情形 2:如果是Ⅱ型和或者Ⅱ'型和,那么此时由前面关于Ⅱ型和或者Ⅱ'型和的定义知,其实就是考察下面的和式:

$$\sum_{\substack{ml=n \\ m \sim M}} \xi_m \eta_l,$$

其中 $X^\sigma \ll M \ll X^{1/4}$.

这里利用 Heath-Brown 的方法.设

$$T = X^{2\varepsilon}\vartheta^{-1}, s = \frac{1}{2} + it.$$

再设

$$H(s) = \sum_{\substack{(\eta X)^{1/2} < ml \leqslant 2X^{1/2} \\ m \sim M}} \frac{\xi_m \eta_l}{(ml)^s}.$$

由于 ξ_m 和 η_l 都是有除数界的,易知,

$$|H(s)| \ll X^{1/4} L^B,$$

这里 B 是一个充分大的正常数.利用经典的 Perron 公式得,对于 $\vartheta^* = \vartheta$ 或 ϑ',有

$$\sum_{\substack{y < ml \leqslant y + y\vartheta^* \\ m \sim M}} \xi_m \eta_l = \frac{1}{2\pi i} \int_{1/2-iT}^{1/2+iT} H(s) \frac{(y + y\vartheta^*)^s - y^s}{s} \mathrm{d}s + O(y^\varepsilon (1 + yT^{-1})).$$

记

$$T_0 = \exp((\log X)^{1/3}).$$

那么,有

$$\frac{(y + y\vartheta^*)^s - y^s}{s} = \begin{cases} y^s \vartheta^* + O(y^{1/2} |s| (\vartheta^*)^2), t \leqslant T_0; \\ O(y^{1/2} \vartheta^*), t \leqslant T_0. \end{cases}$$

因此,有

$$\sum_{\substack{y \leqslant ml < y + y\vartheta^* \\ m \sim M}} \xi_m \eta_l = \frac{\vartheta^*}{2\pi i} \int_{1/2-iT_0}^{1/2+iT_0} H(s) y^s \mathrm{d}s + E(\vartheta^*) + O(y^{1+\varepsilon} T^{-1})$$
$$+ O(X^{1/4} y^{1/2} L^B (\vartheta^* T_0)^2),$$

这里

$$E(\vartheta^*)=\frac{1}{2\pi i}\Big(\int_{1/2+iT_0}^{1/2+iT}+\int_{1/2-iT}^{1/2-iT_0}\Big)H(s)\frac{(1+\vartheta^*)^s-1}{s}y^s\mathrm{d}s.$$

又由于

$$y\in[(\eta X)^{1/2},X^{1/2}],T=\vartheta^{-1}X^{2\varepsilon},$$

那么，有

$$\sum_{\substack{ml\in\mathcal{A}\\ m\sim M}}\xi_m\eta_l-\frac{\vartheta}{\vartheta'}\sum_{\substack{ml\in\mathcal{B}\\ m\sim M}}\xi_m\eta_l$$

$$=E(\vartheta)+\frac{\vartheta}{\vartheta'}E(\vartheta')+O(X^{1/2}\vartheta\exp(-0.5(\log X)^{1/3})).$$

因此，有

$$\int_{(\eta X)^{1/2}}^{X^{1/2}}\Big(\sum_{\substack{ml\in\mathcal{A}\\ m\sim M}}\xi_m\eta_l-\frac{\vartheta}{\vartheta'}\sum_{\substack{ml\in\mathcal{B}\\ m\sim M}}\xi_m\eta_l\Big)^2\mathrm{d}y$$

$$\ll\int_{(\eta X)^{1/2}}^{X^{1/2}}|E(\vartheta)|^2\mathrm{d}y+\frac{\vartheta^2}{(\vartheta')^2}\int_{(\eta X)^{1/2}}^{X^{1/2}}|E(\vartheta')|^2\mathrm{d}y+\frac{\exp(-(\log X)^{1/3})}{X^{1/2}\phi^2}.$$

由引理 2.3 知，对于 $\vartheta^*=\vartheta$ 或 ϑ'，有

$$\int_{(\eta X)^{1/2}}^{X^{1/2}}|E(\vartheta^*)|^2\mathrm{d}y\ll X\log T\int_{1/2+iT_0}^{1/2+iT}\left|H(s)\frac{(1+\vartheta^*)^s-1}{s}\right|^2|\mathrm{d}s|$$

$$\ll X(\vartheta^*)^2\log T\int_{T_0}^{T}\left|H\Big(\frac{1}{2}+it\Big)\right|^2\mathrm{d}t.$$

从而，有

$$\int_{(\eta X)^{1/2}}^{X^{1/2}}\Big(\sum_{\substack{ml\in\mathcal{A}\\ m\sim M}}\xi_m\eta_l-\frac{\vartheta}{\vartheta'}\sum_{\substack{ml\in\mathcal{B}\\ m\sim M}}\xi_m\eta_l\Big)^2\mathrm{d}y$$

$$\ll X\vartheta^2\log T\int_{T_0}^{T}|H(\frac{1}{2}+it)|^2\mathrm{d}t+\frac{\exp(-(\log X)^{\frac{1}{3}})}{\phi^2X^{1/2}}.$$

注意到对于 $X^\sigma\ll M\ll X^{1/4}$，有

$$T=\vartheta^{-1}X^{2\varepsilon}\ll\phi X^{1+2\varepsilon}\ll X^{1/2}M^{-1},$$

由引理 2.4 知，

$$\int_{T_0}^{T}|H(\frac{1}{2}+it)|^2\mathrm{d}t\ll L^2\int_{T_0}^{T}\Big|\sum_{m\sim M}\xi_m m^{-1/2-it}\Big|^2\Big|\sum_{l\sim X^{1/2}/M}\eta_l l^{-1/2-it}\Big|^2\mathrm{d}t$$

$$\ll\max_{t\in[T_0,T]}\Big|\sum_{m\sim M}\xi_m m^{-1/2-it}\Big|^2(X^{1/2}/M+T)L^C$$

$$\ll X^{1/2}L^{-A-1}.$$

这里用到估计

$$\Big|\sum_{m\sim M}\xi_m m^{-1/2-it}\Big|\ll M^{1/2}L^{-A-C},$$

因为这里系数 ξ_m 是由一些素数的特征函数生成的,详细的解释可以参考文献[37]中的公式(7.2.3).因此,有

$$\int_{(\eta X)^{1/2}}^{X^{1/2}}\Big(\sum_{\substack{ml\in\mathcal{A}\\ m\sim M}}\xi_m\eta_l-\frac{\vartheta}{\vartheta'}\sum_{\substack{ml\in\mathcal{B}\\ m\sim M}}\xi_m\eta_l\Big)^2\mathrm{d}y\ll\frac{L^{-A}}{\phi^2X^{1/2}}.$$

这就证明了(6.4.8).

又由文献[48]得

$$\sum_{n\in\mathcal{B}}\rho_j(n)=\frac{C_j\vartheta'}{\vartheta}\sum_{n\in\mathcal{A}}\frac{1}{\log n}+O(X^{1/2}\exp(-4(\log X)^{1/3})),\quad(6.4.9)$$

这里

$$C_1>1.665,C_2<2.096,C_3<0.769.$$

因此,有

$$C_1-C_2C_3>0.$$

那么公式(6.4.7)由公式(6.4.8)和公式(6.4.9)立得,这就完成了引理的证明.

引理 6.14 对于 $j=0,1,2,3$,任意正实数 $A>0$,有

$$\int_{-\phi}^{\phi}|f_j(\lambda_k\alpha)-C_jI_2(\lambda_k\alpha)|^2\mathrm{d}\alpha\ll L^{-A}.$$

证明:对于 $j=0$ 的情形,这时 $C_0=1$,那么这就是 Languasco 和 Zaccagnini 的结果(见第 3 章引理 3.5 和引理 3.6).所以只需考虑 $j=1,2,3$ 的情形即可.显然,有

$$\begin{aligned}&\int_{-\phi}^{\phi}|f_j(\lambda_k\alpha)-C_jI_2(\lambda_k\alpha)|^2\mathrm{d}\alpha\\ \leqslant&\int_{-\phi}^{\phi}|f_j(\lambda_k\alpha)-C_jU_2(\lambda_k\alpha)|^2\mathrm{d}\alpha+\int_{-\phi}^{\phi}|C_jU_2(\lambda_k\alpha)-C_jI_2(\lambda_k\alpha)|^2\mathrm{d}\alpha.\end{aligned}$$

首先,由 Euler-Maclaurin 求和公式得

$$|U_2(\lambda_k\alpha)-I_2(\lambda_k\alpha)|\ll 1+|\alpha|X.$$

因此,就有

$$\begin{aligned}&\int_{-\phi}^{\phi}|C_jU_2(\lambda_k\alpha)-C_jI_2(\lambda_k\alpha)|^2\mathrm{d}\alpha\\ &\ll\int_{|\alpha|\leqslant X^{-1}}\mathrm{d}\alpha+\int_{X^{-1}<|\alpha|\leqslant\phi}X^2\alpha^2\mathrm{d}\alpha\\ &\ll X^{-1}+X^2\phi^3\\ &\ll L^{-A}.\end{aligned}$$

接着,由 Gallagher 引理知

$$\int_{-\phi}^{\phi}|f_j(\lambda_k\alpha)-C_jU_2(\lambda_k\alpha)|^2\mathrm{d}\alpha$$

$$
\begin{aligned}
&=\int_{-\phi}^{\phi}\left|\sum_{\eta X<n^2\leqslant X}\left(\rho_j(n)-\frac{C_j}{\log n}\right)e(\lambda_k\alpha n^2)\right|^2 d\alpha\\
&\ll \phi^2\int_{\eta X-1/(2\phi)}^{X}\left|\sum_{x<n^2\leqslant x+1/(2\phi)}\left(\rho_j(n)-\frac{C_j}{\log n}\right)\right|^2 dx\\
&\ll \phi^2 X^{1/2}\int_{(\eta X-1/(2\phi))^{1/2}}^{X^{1/2}}\left|\sum_{y<n\leqslant y+h(y)}\left(\rho_j(n)-\frac{C_j}{\log n}\right)\right|^2 dy,
\end{aligned}
$$

这里

$$
h(y)=(y^2+1/(2\phi))^{1/2}-y.
$$

又由于

$$
h(y)=\frac{1}{4\phi y}+O\left(\frac{1}{\phi^2 y^3}\right)
$$

和

$$
(\eta X-1/(2\phi))^{1/2}=(\eta X)^{1/2}+O\left(\frac{1}{\phi X^{1/2}}\right),
$$

由引理 6.13,得

$$
\begin{aligned}
&\int_{-\phi}^{\phi}|f_j(\lambda_k\alpha)-C_jU_2(\lambda_k\alpha)|^2 d\alpha\\
&\ll \phi^2 X^{1/2}\int_{(\eta X-1/(2\phi))^{1/2}}^{X^{1/2}}\left|\sum_{y<n\leqslant y+\frac{1}{4\phi y}}\left(\rho_j(n)-\frac{C_j}{\log n}\right)\right|^2 dy+\phi^{-2}X^{-2+\varepsilon}\\
&\ll \phi^2 X^{1/2}\int_{(\eta X)^{1/2}}^{X^{1/2}}\left|\sum_{y<n\leqslant y+\frac{1}{4\phi y}}\left(\rho_j(n)-\frac{C_j}{\log n}\right)\right|^2 dy+\phi^{-1}X^{-1+\varepsilon}\\
&\ll L^{-A}.
\end{aligned}
$$

从而引理得证.

由引理 6.13 和引理 6.14 以及分部积分公式,易得下面的引理.

引理 6.15　有

$$
I_2(\alpha)\ll X^{1/2}\min(1,X^{-1}|\alpha|^{-1}),
$$

$$
\int_{-1/2}^{1/2}|I_2(\lambda_k\alpha)|^2 d\alpha\ll 1,
$$

$$
\int_{-\phi}^{\phi}|f_j(\lambda_k\alpha)|^2 d\alpha\ll 1,\ j=0,1,2,3.
$$

现在利用上面的引理来计算主区间上的积分.

引理 6.16　有

$$
J'(\mathfrak{M})=\int_{\mathfrak{M}}F(\alpha)e(\tilde{\omega}\alpha)K(\alpha)d\alpha\gg\tau^2X^{3/2}L^{-4}.
$$

证明:定义

$$
G(\alpha)=(C_1-C_2C_3)I_1(\lambda_1\alpha)\prod_{k=2}^{4}I_2(\lambda_k\alpha).
$$

那么,有

$$\int_{\mathfrak{M}} |F(\alpha)-G(\alpha)|\,\mathrm{d}\alpha$$

$$\ll \int_{-\phi}^{\phi}\left|T(\lambda_1\alpha)f_1(\lambda_2\alpha)f_0(\lambda_3\alpha)f_0(\lambda_4\alpha)-C_1I_1(\lambda_1\alpha)\prod_{k=2}^{4}I_2(\lambda_k\alpha)\right|\mathrm{d}\alpha$$

$$+\int_{-\phi}^{\phi}\left|T(\lambda_1\alpha)f_3(\lambda_2\alpha)f_2(\lambda_3\alpha)f_0(\lambda_4\alpha)-C_2C_3I_1(\lambda_1\alpha)\prod_{k=2}^{4}I_2(\lambda_k\alpha)\right|\mathrm{d}\alpha.$$

不失一般性,只估计上面右式的第一个积分即可,第二个积分类似可证.由 Cauchy-Schwarz 不等式和引理 6.15 得

$$\int_{-\phi}^{\phi}\left|T(\lambda_1\alpha)f_1(\lambda_2\alpha)f_0(\lambda_3\alpha)f_0(\lambda_4\alpha)-C_1I_1(\lambda_1\alpha)\prod_{k=2}^{4}I_2(\lambda_k\alpha)\right|\mathrm{d}\alpha$$

$$\ll X\left(\int_{-\phi}^{\phi}|T(\lambda_1\alpha)-I_1(\lambda_1\alpha)|^2\mathrm{d}\alpha\right)^{1/2}$$

$$+X^{3/2}L^C\left(\int_{-\phi}^{\phi}|f_1(\lambda_2\alpha)-C_1I_2(\lambda_2\alpha)|^2\mathrm{d}\alpha\right)^{1/2}$$

$$+X^{3/2}L^C\left(\int_{-\phi}^{\phi}|f_0(\lambda_3\alpha)-I_2(\lambda_3\alpha)|^2\mathrm{d}\alpha\right)^{1/2}$$

$$+X^{3/2}L^C\left(\int_{-\phi}^{\phi}|f_0(\lambda_4\alpha)-I_2(\lambda_4\alpha)|^2\mathrm{d}\alpha\right)^{1/2}.$$

这里用到了

$$I_1(\lambda_1\alpha)\ll X,\ f_0(\lambda_k\alpha)\ll X^{1/2},$$
$$f_j(\lambda_k\alpha)\ll X^{1/2}L^C,\ j=1,2,3,$$

因为系数 ρ_j 有除数界.

由引理 6.14 知

$$\int_{\mathfrak{M}} |F(\alpha)-G(\alpha)|\,\mathrm{d}\alpha \ll X^{3/2}L^{-A}.$$

由前几章经典的讨论易知

$$\int_{\mathfrak{M}} G(\alpha)\mathrm{e}(\tilde{\omega}\alpha)K(\alpha)\mathrm{d}\alpha \gg \tau^2X^{3/2}L^{-4}.$$

从而引理得证.

现在来计算余区间上的积分.首先由函数 $F(\alpha)$ 的定义知,有

$$\int_{\mathfrak{m}}|F(\alpha)|K(\alpha)\mathrm{d}\alpha \ll \int_{\mathfrak{m}}|T(\lambda_1\alpha)f_1(\lambda_2\alpha)f_0(\lambda_3\alpha)f_0(\lambda_4\alpha)|K(\alpha)\mathrm{d}\alpha$$
$$+\int_{\mathfrak{m}}|T(\lambda_1\alpha)f_3(\lambda_2\alpha)f_2(\lambda_3\alpha)f_0(\lambda_4\alpha)|K(\alpha)\mathrm{d}\alpha. \tag{6.4.10}$$

不失一般性,仅估计上面右式的第二个积分,第一个积分类似可得.即估计积分

$$\int_{\mathfrak{m}} |T(\lambda_1\alpha)f_3(\lambda_2\alpha)f_2(\lambda_3\alpha)f_0(\lambda_4\alpha)|K(\alpha)\mathrm{d}\alpha. \tag{6.4.11}$$

先把余区间 $\mathfrak{m}$ 分成两部分. 令

$$\mathfrak{m} = \mathfrak{m}' \cup \mathfrak{m}'',$$

其中

$$\mathfrak{m}' = \{\alpha : \phi < |\alpha| \leqslant 1\}, \mathfrak{m}'' = \{\alpha : 1 < |\alpha| \leqslant \xi\}. \tag{6.4.12}$$

下面就来分别估计 $\mathfrak{m}'$ 和 $\mathfrak{m}''$ 上的积分.

引理 6.17 有

$$\int_{\mathfrak{m}'} |T(\lambda_1\alpha)f_3(\lambda_2\alpha)f_2(\lambda_3\alpha)f_0(\lambda_4\alpha)|K(\alpha)\mathrm{d}\alpha = o(\tau^2 X^{3/2}L^{-4}).$$

证明:对于任意给定的实数 α,由 Dirichlet 逼近定理知,存在整数 a_1,a_2,q_1,q_2 满足

$$(a_1,q_1)=1, 1\leqslant q_1 \leqslant X^{1-g(\omega)}, |q_1\lambda_1\alpha - a_1| \leqslant X^{-1+g(\omega)},$$
$$(a_2,q_2)=1, 1\leqslant q_2 \leqslant X^{1-g(\omega)}, |q_2\lambda_3\alpha - a_2| \leqslant X^{-1+g(\omega)},$$

这里

$$g(\omega) = \frac{1-\omega}{8-4\omega},$$

其中 ω 在定理 6.4 中有定义,ω 是区间$[0,1)$中的一个固定实数.

又由于 $\alpha \in \mathfrak{m}'$,那么显然有

$$a_1a_2 \neq 0, \left|\frac{a_j}{\alpha}\right| \ll q_j.$$

那么,必有

$$\max(q_1,q_2) \geqslant X^{g(\omega)}. \tag{6.4.13}$$

现在利用反证法来证明(6.4.13)式. 假设 q_1 和 q_2 都小于 $X^{g(\omega)}$,就有

$$\begin{aligned}\left|a_2q_1\frac{\lambda_1}{\lambda_3} - a_1q_2\right| &= \left|\frac{a_2}{\lambda_3\alpha}(q_1\lambda_1 - a_1) - \frac{a_1}{\lambda_3\alpha}(q_2\lambda_3\alpha - a_2)\right| \\ &\ll q_2X^{-1+g(\omega)} + q_1X^{-1+g(\omega)} \\ &\ll X^{-1+2g(\omega)}.\end{aligned}$$

又由定理 6.4 的条件知,存在无理数 λ_1/λ_3 的一个有理逼近 a/q 满足

$$X^{4g(\omega)} = X^{(1-\omega)(1-4g(\omega))} \ll q \ll X^{1-4g(\omega)}.$$

因此,有

$$\left|a_2q_1\frac{\lambda_1}{\lambda_3} - a_1q_2\right| = o(q^{-1}).$$

但是另外一方面

$$|a_2q_1| \ll q_1q_2 \ll X^{2g(\omega)} = o(q).$$

那么由 Legendre 最佳有理逼近准则知,这就与 a/q 是无理数 λ_1/λ_3 的一个

有理逼近矛盾，从而公式(6.4.13)得证. 那么利用公式(6.4.13)，由引理1.6和引理6.12得

$$\min(|T(\lambda_1\alpha)|^{1/2},|f_2(\lambda_3\alpha)|)\ll X^{1/2-g(\omega)/4+\varepsilon}.$$

那么由华罗庚不等式以及 Holder 不等式得

$$\int_{\mathfrak{m}'}|T(\lambda_1\alpha)f_3(\lambda_2\alpha)f_2(\lambda_3\alpha)f_0(\lambda_4\alpha)|K(\alpha)\mathrm{d}\alpha$$

$$\ll\tau^2\left(\int_{\mathfrak{m}'}|T(\lambda_1\alpha)f_2(\lambda_3\alpha)|^2K(\alpha)\mathrm{d}\alpha\right)^{1/2}\left(\int_{-1}^{1}|f_3(\lambda_2\alpha)|^4\mathrm{d}\alpha\right)^{1/4}$$

$$\times\left(\int_{-1}^{1}|f_0(\lambda_4\alpha)|^4\mathrm{d}\alpha\right)^{1/4}$$

$$\ll\tau^2X^{1/2+\varepsilon}\min_{\alpha\in\mathfrak{m}'}(|T(\lambda_1\alpha)|^{1/2},|f_2(\lambda_3\alpha)|)$$

$$\times\left(\int_{-1}^{1}|T(\lambda_1\alpha)|^2\mathrm{d}\alpha+\int_{-1}^{1}|T(\lambda_1\alpha)f_2(\lambda_3\alpha)^2|\mathrm{d}\alpha\right)^{1/2}$$

$$\ll\tau^2X^{1/2-g(\omega)/4+\varepsilon}X^{1+2\varepsilon}$$

$$=o(\tau^2X^{3/2}L^{-4}).$$

从而引理得证.

引理 6.18 有

$$\int_{\mathfrak{m}''}|T(\lambda_1\alpha)f_3(\lambda_2\alpha)f_2(\lambda_3\alpha)f_0(\lambda_4\alpha)|K(\alpha)\mathrm{d}\alpha\ll\tau X^{3/2-\chi/2+\varepsilon}.$$

证明：首先把区间 $\mathfrak{m}''$ 分成两部分. 令

$$\mathfrak{m}^*=\mathfrak{m}_1\cup\mathfrak{m}_2,\hat{\mathfrak{m}}=\mathfrak{m}''\backslash\mathfrak{m}^*,$$

这里

$$\mathfrak{m}_1=\{\alpha\in\mathfrak{m}'':|T(\lambda_1\alpha)|\leqslant X^{1-\chi+\varepsilon}\},$$

$$\mathfrak{m}_2=\{\alpha\in\mathfrak{m}'':|f_2(\lambda_3\alpha)|\leqslant X^{1/2-\chi/2+\varepsilon}\}.$$

那么由华罗庚不等式和 Holder 不等式，得

$$\int_{\mathfrak{m}_1}|T(\lambda_1\alpha)f_3(\lambda_2\alpha)f_2(\lambda_3\alpha)f_0(\lambda_4\alpha)|K(\alpha)\mathrm{d}\alpha$$

$$\ll\min_{\alpha\in\mathfrak{m}_1}|T(\lambda_1\alpha)|^{1/2}\left(\int_{-\infty}^{+\infty}|T(\lambda_1\alpha)|^2K(\alpha)\mathrm{d}\alpha\right)^{1/4}\left(\int_{-\infty}^{+\infty}|f_3(\lambda_2\alpha)|^4K(\alpha)\mathrm{d}\alpha\right)^{1/4}$$

$$\times\left(\int_{-\infty}^{+\infty}|f_2(\lambda_3\alpha)|^4K(\alpha)\mathrm{d}\alpha\right)^{1/4}\left(\int_{-\infty}^{+\infty}|f_0(\lambda_4\alpha)|^4K(\alpha)\mathrm{d}\alpha\right)^{1/4}$$

$$\ll\tau X^{3/2-\chi/2+\varepsilon}$$

和

$$\int_{\mathfrak{m}_2}|T(\lambda_1\alpha)f_3(\lambda_2\alpha)f_2(\lambda_3\alpha)f_0(\lambda_4\alpha)|K(\alpha)\mathrm{d}\alpha$$

$$\ll\min_{\alpha\in\mathfrak{m}_2}|f_2(\lambda_3\alpha)|\left(\int_{-\infty}^{+\infty}|T(\lambda_1\alpha)|^2K(\alpha)\mathrm{d}\alpha\right)^{1/2}\left(\int_{-\infty}^{+\infty}|f_3(\lambda_2\alpha)|^4K(\alpha)\mathrm{d}\alpha\right)^{1/4}$$

$$\times\left(\int_{-\infty}^{+\infty}|f_0(\lambda_4\alpha)|^4K(\alpha)\mathrm{d}\alpha\right)^{1/4}$$
$$\ll \tau X^{3/2-\chi/2+\varepsilon}.$$

从而可知

$$\int_{\mathfrak{m}^*}|T(\lambda_1\alpha)f_3(\lambda_2\alpha)f_2(\lambda_3\alpha)f_0(\lambda_4\alpha)|K(\alpha)\mathrm{d}\alpha \ll \tau X^{3/2-\chi/2+\varepsilon}. \tag{6.4.14}$$

下面就剩下区间 $\hat{\mathfrak{m}}$ 要估计. 首先把区间 $\hat{\mathfrak{m}}$ 分成一些互不相交的小区间 $S(Z_1,Z_2,y)$. 对任意 $\alpha\in S(Z_1,Z_2,y)$，有

$$Z_1\leqslant|T(\lambda_1\alpha)|<2Z_1,Z_2\leqslant|f_2(\lambda_3\alpha)|<2Z_2,y\leqslant|\alpha|<2y,$$

这里

$$Z_1=X^{1-\chi+2\varepsilon}2^{t_1},Z_2=X^{1/2-\chi/2+2\varepsilon}2^{t_2},y=2^s,$$

其中 t_1,t_2,s 为正整数. 那么由推论 6.1 和推论 6.4 知，存在两对互素的整数 (a_1,q_1) 和 (a_2,q_2)，满足 $a_1a_2\neq 0$ 和

$$1\leqslant q_1\ll(X/Z_1)^2X^{\varepsilon},\ |q_1\lambda_1\alpha-a_1|\ll(X/Z_1)^2X^{\varepsilon-1},$$
$$1\leqslant q_2\ll(X^{1/2}/Z_2)^4X^{\varepsilon},\ |q_2\lambda_3\alpha-a_2|\ll(X^{1/2}/Z_2)^4X^{\varepsilon-1}.$$

对于任意 $\alpha\in S(Z_1,Z_2,y)$，都有

$$\left|\frac{a_j}{\alpha}\right|\ll q_j,j=1,2.$$

根据 q_j 的大小，进一步把集合 $S(Z_1,Z_2,y)$ 分为子集合 $S(Z_1,Z_2,y,Q_1,Q_2)$，这里 $Q_j\leqslant q_j<2Q_j$. 那么，有

$$\begin{aligned}\left|a_2q_1\frac{\lambda_1}{\lambda_3}-a_1q_2\right|&=\left|\frac{a_2(q_1\lambda_1\alpha-a_1)+a_1(a_2-q_2\lambda_3\alpha)}{\lambda_3\alpha}\right|\\&\ll Q_2(X/Z_1)^2X^{\varepsilon-1}+Q_1(P_2/Z_2)^4P_2^{\varepsilon-2}\\&\ll(X/Z_1)^2X^{\varepsilon}(P_2/Z_2)^4P_2^{\varepsilon-2}\\&\ll\frac{X^{3+2\varepsilon}}{Z_1^2Z_2^4}\ll X^{-1+4\chi-4\varepsilon}.\end{aligned}$$

并且还有

$$|a_2q_1|\ll X^{2\varepsilon}yQ_1Q_2.$$

然而，由于比值 λ_1/λ_3 为无理数和代数数，那么由 Roth 定理知，存在 λ_1/λ_3 的一个有理逼近 a'/q' 满足

$$X^{(1-\omega)(1-4\chi)}\ll q'\ll X^{(1-4\chi)}.$$

因此，有

$$\left\|a_2q_1\frac{\lambda_1}{\lambda_3}\right\|\leqslant\frac{1}{4q'},q_1\sim Q_1,a_2\asymp yQ_2.$$

设上面关于 q_1,a_2 的解数为 R，那么由引理 1.4 和鸽巢原理知

$$R \ll \frac{X^{2\varepsilon} y Q_1 Q_2}{q'}.$$

从而可知，$S(Z_1, Z_2, y, Q_1, Q_2)$ 由最多由 RP^{ε} 个长度不超过

$$\min(Q_1^{-1}(X/Z_1)^2 X^{\varepsilon-1}, Q_2^{-1}(X^{1/2}/Z_2)^4 X^{\varepsilon-1}) \ll \frac{X^{1+\varepsilon}}{Z_1 Z_2^2 Q_1^{1/2} Q_2^{1/2}}$$

的集合构成. 所以集合 $S(Z_1, Z_2, y, Q_1, Q_2)$ 的测度

$$\mu(S(Z_1, Z_2, y, Q_1, Q_2)) \ll \frac{yX^{1+3\varepsilon} Q_1^{1/2} Q_2^{1/2}}{q' Z_1 Z_2^2} \ll \frac{yX^{3+4\varepsilon}}{q' Z_1^2 Z_2^4}.$$

那么，在集合 $S(Z_1, Z_2, y, Q_1, Q_2)$ 上的积分为

$$\begin{aligned}
&\int |T(\lambda_1\alpha) f_3(\lambda_2\alpha) f_2(\lambda_3\alpha) f_0(\lambda_4\alpha)| K(\alpha)\mathrm{d}\alpha \\
\ll &\left(\int |T(\lambda_1\alpha)|^2 |f_2(\lambda_3\alpha)|^2 K(\alpha)\mathrm{d}\alpha\right)^{1/4} \left(\int_{-\infty}^{+\infty} |T(\lambda_1\alpha)|^2 K(\alpha)\mathrm{d}\alpha\right)^{1/4} \\
&\times \left(\int_{-\infty}^{+\infty} |f_3(\lambda_2\alpha)|^4 K(\alpha)\mathrm{d}\alpha\right)^{1/4} \left(\int_{-\infty}^{+\infty} |f_0(\lambda_4\alpha)|^4 K(\alpha)\mathrm{d}\alpha\right)^{1/4} \\
\ll &(\tau X^{1+\varepsilon})^{3/4} \left(\min(\tau^2, y^{-2}) Z_1^2 Z_2^4 \frac{yX^{3+4\varepsilon}}{q' Z_1^2 Z_2^4}\right)^{1/4} \\
\ll &\tau \frac{X^{3/2+3\varepsilon}}{(q')^{1/4}} \ll \tau X^{3/2-(1-\omega)(1-4\chi)/4+3\varepsilon} \ll \tau X^{3/2-\chi/2+3\varepsilon}.
\end{aligned}$$

对 Z_1, Z_2, y, Q_1, Q_2 所有可能的情况求和即得

$$\int_{\hat{\mathfrak{m}}} |T(\lambda_1\alpha) f_3(\lambda_2\alpha) f_2(\lambda_3\alpha) f_0(\lambda_4\alpha)| K(\alpha)\mathrm{d}\alpha \ll \tau X^{3/2-\chi/2+4\varepsilon}.$$

从而引理得证.

综合公式(6.4.10)～公式(6.4.12)以及引理 6.17 和引理 6.18，得

$$J'(\mathfrak{m}') = o(\tau^2 X^{3/2} L^{-4}) \tag{6.4.15}$$

和

$$J'(\mathfrak{m}'') \ll \tau X^{3/2-\chi/2+\varepsilon}. \tag{6.4.16}$$

下面来完成定理 6.4 和定理 6.5 的证明. 综合公式(6.4.4)、公式(6.4.5)、公式(6.4.15)和公式(6.4.16)以及引理 6.16，取 $\tau = X^{-\chi/2+\varepsilon}$，则有

$$\mathcal{N}(X, \tau) \geqslant \tau^{-1} J'(\mathbb{R}) \gg \tau X^{3/2} L^{-4} \gg X^{3/2-\chi/2+\varepsilon} L^{-4}. \tag{6.4.17}$$

从而定理 6.4 得证.

下面来证定理 6.5. 这时由于条件 λ_1/λ_2 和 λ_1/λ_3 都是无理数和代数数，那么由 Roth 定理知，此时定理 6.4 中的实数 ω 可以取为任意小的整数 ε，从而此时

$$\chi = \sigma = \frac{5}{32} + 10^{-4}.$$

公式(6.4.17)意味着素变数不等式

$$|\lambda_1 p_1 + \lambda_2 p_2^2 + \lambda_3 p_3^2 + \lambda_4 p_4^2 + \bar{\omega}| < X^{-\sigma/2+\varepsilon} \quad (6.4.18)$$

至少有 $X^{3/2-\sigma/2+\varepsilon}L^{-4}$ 组素数解 $\eta X \leqslant p_1, p_2^2, p_3^2, p_4^2 \leqslant X$. 注意到

$$\max(p_1, p_2^2, p_3^2, p_4^2) \asymp X.$$

如果在公式(6.4.18)中取 $\varepsilon = 0.5 \times 10^{-4}$,则不等式

$$|\lambda_1 p_1 + \lambda_2 p_2^2 + \lambda_3 p_3^2 + \lambda_4 p_4^2 + \bar{\omega}| < (\max(p_1, p_2^2, p_3^2, p_4^2))^{-5/64}$$

至少有 $X^{3/2-5/64}L^{-4}$ 组素数解 $\eta X \leqslant p_1, p_2^2, p_3^2, p_4^2 \leqslant X$. 最后令 $X \to +\infty$,上面的不等式就有无穷多组素数解,从而引理 6.6 得证.

参 考 文 献

[1] Baker A. On some diophantine inequalities involving primes[J]. J Reine Angew Math,1967,228:166-181.

[2] Baker R C. Diophantine Inequalities[M]. London Mathematical Society Monographs, New Series 1. Oxford: Oxford University Press,1986.

[3] Baker R C,Harman G. Diophantine approximation by prime numbers[J]. J London Math Soc,1982,25:201-215.

[4] Bentkus V,Götze F. Lattice point problems and distribution of values of quadratic forms[J]. Annals of Mathematics, 1999, 150(3): 977-1027.

[5] Bourgain J. On the Vinogradov mean value[J]. Tr Mat Inst steklova,2017,296:36-46.

[6] Brüdern J,Kawada K,Wooley T D. Additive represention in the thin sequences, Ⅷ[A]. Diophantine inequalities in review,in Number Theory, Dreaming in Dreams, Proceedings of the 5th China-Japan Seminar (World Scientific,2009)[C],20-79.

[7] Brüdern J,Cook R J,Perelli A. The values of binary linear forms at prime arguments[A]. Sieve Methods, Exponential Sums and Their Applications in Number Theory [C]. Cambridge: Cambridge University Press,1996,87-100.

[8] Cai Y C. A remark on the values of binary linear forms at prime arguments[J]. Arch Math,2011,97:431-441.

[9] Choi K K,Kumchev A V. Mean values of Dirichlet polynomials and applications to linear equations with prime variables[J]. Acta Arith, 2006,123:125-142.

[10] Choi K K,Kumchev A V. Quadratic equations with five prime unknowns[J]. J Number Theory,2004,107:357-367.

[11] Choi K K,Liu J Y. Small prime solutions of quadratic equations [J]. Canad J Math,2002,54:71-91.

[12] Choi K K,Liu J Y,Small prime solutions of quadratic equations Ⅱ[J]. Proc Amer Math Soc,2005,133:945-951.

[13] Cook R J. The value of additive forms at prime arguments[J]. J de Theorie de Nombres de Bordeaux,2001,14:77-91.

[14] Cook R J, Harman G. The values of additive forms at prime arguments[J]. Rocky Mountain J Math,2006,36:1153-1164.

[15] Cook R J,Fox A. The values of ternary quadratic forms at prime arguments[J]. Mathematika,48 (2001),137-149.

[16] Danicic I. On the integral part of a linear form with prime variables[J]. Canadian J Math,1966,18:621-628.

[17] Davenport H. On sums of positive integral kth powers[J]. American Journal of Mathematics,1942,64(1):189-98.

[18] Davenport H,Heilbronn H. On indefinite quadratic forms in five variables[J]. J London Math Soc,1946,21:185-193.

[19] Davenport H,Roth K F. The solubility of certain Diophantine inequalities[J]. Mathematika,1955,2:81-96.

[20] Davenport H. Analytic Methods for Diophantine Equations and Diophantine Inequalities, 2nd ed [M]. Cambridge: Cambridge Univ. Press,2005.

[21] Freeman D E. Asymptotic lower bounds for Diophantine inequalities[J]. Mathematika,2000,47:12-59.

[22] Freeman D E. Additive inhomogeneous Diophantine inequalities [J]. Acta Arith,2003,107:209-244.

[23] Freeman D E. Asymptotic Lower Bounds and Formulas for Diophantine Inequalities[A]. Number Theory for the Millennium (Urbana, IL,2000)[C]. Natick,MA:A. K. Peters,2002.

[24] Gallagher P X. A large sieve density estimate near=1[J]. Invent Math,1970,11:329-339.

[25] Ge W X,Zhao F. The values of cubic forms at prime arguments [J]. J Number Theory,2017,180:694-709.

[26] Ge W X,Zhao F. The Exceptional Set for Diophantine Inequality with unlike powers of prime variables[J]. Czechoslovak Mathematical Journal,2018,68(143):149-168.

[27] Ge W X,Zhao F,Wang T Q. On diophantine approximation with one prime and three squares of primes[J]. Front Math China,2019,14(4):

761-779.

[28] Ge W X, Zhang M, Li J J. The values of binary linear forms at prime arguments[J]. J Number Theory, 2018, 192: 47-64.

[29] Ge W X, Li W P. One Diophantine inequality with unlike powers of prime variables [J]. Journal of Inequalities and Applications, 2016: 33, 8pp.

[30] Ge W X, Wang T Q. On Diophantine problems with mixed powers of primes[J]. Acta Arithmetica, 2018, 182(2): 183-198.

[31] Ge W X, Liu H K. Diophantine approximation with mixed powers of primes[J]. International Journal of Number Theory, 2018, 14(7): 1903-1918.

[32] Ge W X, Liu H K. On the singular series for primes in arithmetic progressions[J]. Lithuanian Mathematical Journal, 2017, 57(3): 294-318.

[33] Ghosh A. The distribution of modulo 1[J]. Proc Lond Math Soc, 1981, 42: 252-269.

[34] Hall R, Tenenbaum G. Divisors [M]. Cambridge: Cambridge University Press, 1988.

[35] Hua L K. On the representation of numbers as the sums of the powers of primes[J]. Math Z, 1938, 44: 335-346.

[36] Hua L K. Some results in the additive prime-number theory[J]. Quart J Math Oxford, 1938, 9: 68-80.

[37] Harman G. Prime-detecting sieves [M]. Princeton: Princeton University Press, 2007.

[38] Harman G. Trigonometric sums over primes I [J]. Mathematika, 1981, 28: 249-254.

[39] Harman G. Diophantine approximation by prime numbers[J]. J London Math Soc, 1991, 44 (2): 218-226.

[40] Harman G. The values of ternary quadratic forms at prime arguments[J]. Mathematika, 2004, 51: 83-96.

[41] Harman G, Kumchev A V. On sums of squares of primes[J]. Math Proc Cambridge Philos Soc, 2006, 140: 1-13.

[42] Heath-Brown D R. Prime numbers in the short intervals and a generalized vaughan identity[J]. Can J Math, 1982, 34: 1365-1377.

[43] Heath-Brown D R. Weyl's inequality, Hua's inequality, and Waring's problem[J]. J London Math Soc, 1988, 38(2): 216-230.

[44] Hooley C. On a new technique and its applications to the theory of numbers[J]. Proc London Math Soc,1979,38(1):115-151.

[45] Kawada K. On the sum of four cubes[J]. Mathematika,1996,43(2):323-348.

[46] Kawada K,Wooley T D. On the Waring-Goldbach problem for fourth and fifth powers[J]. Proc London Math Soc,2001 83(3):1-50.

[47] Kawada K,Wooley T D. Relations between exceptional sets for additive problems[J]. J London Math Soc,2010,82:437-458.

[48] Kumchev A V,Zhao L L. On sums of four squares of primes[J]. Mathematika,2016,62:348-361.

[49] Kumchev A V. On Weyl sums over primes and almost primes[J]. Michigan Math J,2006,54:243-268.

[50] Kumchev A V. On the Waring-Goldbach problem: exceptional sets for sums of cubes and higher powers[J]. Canad J Math,2005,57:298-327.

[51] Li W P,Wang T Z. Diophantine approximation with one prime and three squares of primes[J]. Ramanujan J,2011,25:343-357.

[52] Li W P,Wang T Z. Diophantine approximation with four squares and one k-th power of primes[J]. J Math Sci Adv Appl,2010,6(1):1-16.

[53] 李伟平,戈文旭,王天泽. 幂次为 2,3,4,5 的素变量非线性型的整数部分[J]. 数学学报,2016,59:585-594.

[54] 李伟平,戈文旭,王天泽. 素变量混合幂丢番图逼近 [J]. 数学学报,2019,62(1):49-58.

[55] 李伟平,戈文旭,王天泽. 幂次为 2 和 3 的素变数方程的小素数解[J]. 中国科学:数学,2019,49(9):1183-1200.

[56] Liu M C,Tsang K M. Small prime solutions of some additive equations[J]. Monatsh Math,1991,111:147-169.

[57] Languasco A,Zaccagnini A. A Diophantine problem with a prime and three squares of primes[J]. Journal of Number Theory,2012,132(12):3016-3028.

[58] Languasco A,Zaccagnini A. On a ternary Diophantine problem with mixed powers of primes[J]. Acta Arith,2013,159:345-362.

[59] Liu Z X,Sun H W. Diophantine approximation with one prime and three squares of primes[J]. Ramanujan J,2013,30:327-340.

[60] Liu Z X. Small prime solutions to cubic Diophantine equations

[J]. Canad Math Bull,2013,56:785-794.

[61] Liu Z X. Diophantine approximation by unlike powers of primes [J]. Int J Number Theory,2017,13:2445-2452.

[62] Leung D. Small prime solutions to cubic Diophantine equations [D]. Master's thesis,Simon Fraser University,2006.

[63] Matomaki K. Diophantine approximation by primes[J]. Glasq Math J,2010,52:87-106.

[64] Mu Q W. Diophantine approximation with four squares and one kth power of primes[J]. Ramanujan J,2016,39(3):481-496.

[65] Mu Q W. One Diophantine inequality with unlike powers of prime variables[J]. Int J Number Theory,2017,13(6):1531-1545.

[66] Mu Q W,Qu Y Y. A note on Diophantine approximation by unlike powers of primes[J]. Int J Number Theory,2018,14:1651-1668.

[67] Parsell S T. On simultaneous diagonal inequalities[J]. J London Math Soc,1999,60:659-676.

[68] Parsell S T. On simultaneous diagonal inequalities Ⅱ[J]. Mathematika,2001,48:191-202.

[69] Parsell S T. On simultaneous diagonal inequalities Ⅲ[J]. The Quarterly Journal of Mathematics,2002,53:347-363.

[70] Parsell S T. Irrational linear forms in prime variables[J]. J Number Theory,2002,97(1):144-156.

[71] Ramachandra K. On the sums [J]. J Reine Angew Math,1973,262/263:158-165.

[72] Ren X M. On exponential sums over primes and application in Waring-Goldbach problem[J]. Sci China Ser A,2005,48(6):785-797.

[73] Ren X M. The Waring-Goldbach problem for cubes[J]. Acta Arith,2000,94:287-301.

[74] Rieger G J. über die Summe aus einem Quadrat und einem Primzahlquadrat[J]. J Reine Angew Math,1968,231:89-100.

[75] Schwarz W. Uber die Losbarkeit gewisser Ungleichungen durch Primzahlen[J]. J Reine Angew Math,1963,212:150-157.

[76] Schmidt W M. Diophantine Approximation[M]. Lecture Notes in Mathematics 785,New York:Springer,1980.

[77] Sun H W. The values of additive forms at prime arguments[J]. Studia Sci Math Hung,2010,48:421-444.

[78] Titchmarsh E C. The Theory of the Riemann Zeta-Function, 2nd ed[M]. Oxfoed: Oxford University Press, 1986.

[79] Vaughan R C. The Hardy-Littlewood method, 2nd ed[M]. Cambridge: Cambridge University Press, 1997.

[80] Vaughan R C. Diophantine approximation by prime numbers, Ⅰ [J]. Proc London Math Soc, 1974, 28: 373-384.

[81] Vaughan R C. Diophantine approximation by prime numbers, Ⅱ [J]. Proc London Math Soc, 1974, 28: 385-401.

[82] Vaughan R C. A new iterative method in Waring's problem[J]. Acta Mathematica, 1989, 162: 1-71.

[83] Vaughan R C. Wooley T D. Further improvements in Waring's problem[J]. Acta Mathematica, 1995, 174(2): 147-240.

[84] Vaughan R C. Wooley T D. Further improvements in Waring's problem, Ⅳ: higher powers[J]. Acta Arithmetica, 2000, 94(3): 203-285.

[85] Wang Y C. Values of binary linear forms at prime arguments [J]. Front Math China, 2015, 10: 1449-1459.

[86] Wang Y C, Yao W L. Diophantine approximation with one prime and three squares of primes[J]. J Number Theory, 2017, 180: 234-250.

[87] Wooley T D. Large improvements in Waring's problem[J]. Annals of Mathematics, 1992, 135(1): 131-164.

[88] Wooley T D. Slim exceptional sets for sums of cubes[J]. Canad. J. Math., 2002, 54: 417-448.

[89] Wooley T D. Vinogradov's mean value theorem via efficient congruencing[J]. Annals of Mathematics, 2012, 175(3): 1575-1627.

[90] Wooley T D. Vinogradov's mean value theorem via efficient congruencing, Ⅱ [J]. Duke Mathematical Journal, 2013, 162(4): 673-730.

[91] Zhao L L. On the Waring-Goldbach problem for fourth and sixth powers[J]. Proc London Math Soc, 2014, 108(3): 1593-1622.

[92] Zhao L L. The additive problem with one cube and three cubes of primes[J]. Michigan Math J, 2014, 63: 763-779.

[93] Zhao L L. Small prime solutions to cubic equations[J]. Sience China Mathematics, 2016, 59: 1909-1918.